U0302337

中国技术进步系列丛书

中国环境技术进步方向和政策绩效评价

ZHONGGUO HUANJING JISHU JINBU FANGXIANG HE
ZHENGCE JIXIAO PINGJIA

王林辉　董直庆　王　辉　等著

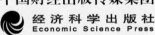

中国财经出版传媒集团

经济科学出版社
Economic Science Press

图书在版编目（CIP）数据

中国环境技术进步方向和政策绩效评价／王林辉等著．—北京：经济科学出版社，2020.6
（中国技术进步系列丛书）
ISBN 978 - 7 - 5218 - 1617 - 4

Ⅰ.①中… Ⅱ.①王… Ⅲ.①环境保护 - 技术革新 - 研究 - 中国 Ⅳ.①X - 12

中国版本图书馆 CIP 数据核字（2020）第 095651 号

责任编辑：杜 鹏 张 燕
责任校对：李 建
责任印制：邱 天

中国环境技术进步方向和政策绩效评价

王林辉 董直庆 王 辉 等著
经济科学出版社出版、发行 新华书店经销
社址：北京市海淀区阜成路甲 28 号 邮编：100142
编辑部电话：010 - 88191441 发行部电话：010 - 88191522
网址：www. esp. com. cn
电子邮箱：esp_bj@ 163. com
天猫网店：经济科学出版社旗舰店
网址：http://jjkxcbs. tmall. com
固安华明印业有限公司印装
880×1230 32 开 4.75 印张 150000 字
2020 年 9 月第 1 版 2020 年 9 月第 1 次印刷
ISBN 978 - 7 - 5218 - 1617 - 4 定价：36.00 元
（图书出现印装问题，本社负责调换。电话：010 - 88191510）
（版权所有 侵权必究 打击盗版 举报热线：010 - 88191661
QQ：2242791300 营销中心电话：010 - 88191537
电子邮箱：dbts@esp. com. cn）

前　　言

改革开放 40 余年来，中国要素高投入和经济高增长诱发环境质量持续恶化，城市雾霾天气频繁，资源和环境压力日益凸显，引起社会各界的广泛讨论。面对日益恶化的生产和生活环境，中央政府和地方政府高度关注，习近平主席指出"绿水青山就是金山银山"。各级政府在加大环境保护立法和鼓励可持续发展的同时，不断加大环境执法力度，甚至不惜采用关停、限转这种直接牺牲经济增长的方式遏制环境恶化。现阶段中国环境执法力度愈发严格，对污染的容忍程度日益降低。然而，以遏制污染排放为目的的环境政策，可能会以牺牲经济增长为代价，因此，在经济新常态时期如何实现经济和环境相容共生发展这一课题的重要性日渐凸显。一般地，从根本上解决环境污染问题，长期来看主要依靠技术进步，尤其是以绿色或清洁技术为导向的创新。不过，在自由市场经济环境中，非清洁技术领域的产品生产和技术研发存在天然资源和利润优势，清洁技术创新后发劣势明显，仅凭市场本身难以实现技术进步朝绿色方向转变。为此，如何实施有效的政策激励清洁技术创新，实现经济与环境的相容发展已成为亟需解决的问题。

本书在充分借鉴国内外前沿文献研究的基础上，主要的创新性工作体现为以下三点。

第一，环境政策类文献关注政策干预的直接经济环境绩效，也关注政策干预与技术进步的关系，但忽视政策干预如何通过改变技术进步方向影响经济增长和环境质量。事实上，如何设计政策的激励方向和强度，转变环境技术进步方向即技术创新朝绿色方向转变，实现经济增长与环境质量的相容发展，仍是当前研究的难点和前沿。我国长期高能耗的经济增长模式，致使非清洁产品生产及其技术研发存在资源和市场优势，清洁生产与技术创新激励不足。自然地，通过政策干预解决市场失灵，成为治理环境污染问题的有效方式。问题是，建立经济增长与环境质量相容发展的长效机制，关键还在于政策能否有效激励企业朝清洁方向转型、研发与使用清洁技术。基于此，本书构建环境技术进步方向模型，数理演绎环境政策、清洁技术创新与环境质量及经济增长之间的动态关系。结合中国经济时序数据，数值模拟和实证检验异质性环境政策对环境技术进步方向、经济增长和环境质量的作用效应。

第二，环境政策可能会引发污染就近转移，本地的环境规制可能会对邻地清洁技术创新产生影响。前沿文献研究重点关注同一地区环境规制的技术创新效应，普遍忽视一个地区环境规制可能会从其属地即本地向邻地扩散，尤其未重视是否会转变邻地的技术创新方向。基于此，本书在考察环境政策对本地清洁技术创新非线性作用效应的基础上，创新性地从环境规制的"本地—邻地"技术进步联动效果视角出发，构建数理模型分析环境规制与"本地—邻地"清洁技术创新之间的作用机理，利用地区层面的经济时序和面板数据，检验环境规制的"本地—邻地"绿色技术进步效应。同时，结合区域产业转移的特征性事实，检验环境规制邻地绿色技术进步效应的传导机制，即通过考察污染产业转移对承接地清洁技术创新的抑制作用和收入效应，拓展环境规制仅局限于本地效应的研究。

第三，国内研究更多关注技术进步对环境质量的作用，却并未重视技术进步方向变化可能对环境质量产生的影响。本书引进土地约束，将技术进步方向、城市用地规模和环境质量耦合于一个模型框架内，通过构建城市与农村的两部门模型演绎技术进步方向、城市用地规模与环境质量之间的作用关系，考察不同技术进步路径和城市用地规模对环境质量可能存在的影响，分析政府如何利用非清洁技术征税或清洁技术研发补贴政策，通过转变技术进步方向，实现环境和经济的共生发展。在此基础上，结合中国经济时序数据，数值模拟不同技术进步方向下城市用地规模和环境质量的变化趋势，力求从环境技术进步方向视角选择适宜性技术进步路径改善环境质量，既弥补环境技术进步方向领域研究的不足，又为中国环境污染治理提供新思路。

　　本书由王林辉教授领导的团队成员共同参与完成，参与本书写作的主要成员包括：董直庆教授、王辉博士生、蔡啸讲师、焦翠红讲师和王芳玲硕士等。本书每一部分内容都包含了团队成员的贡献，其中董直庆教授负责全书所有章节研究内容的构思、写作和框架安排，并组织每一部分内容的写作研讨。相关章节的写作，具体分工如下：第一章，王林辉教授、董直庆教授、王辉博士生、蔡啸博士、焦翠红讲师和王芳玲硕士；第二章，王林辉教授、董直庆教授和王辉博士生；第三章，王林辉教授、董直庆教授和王辉博士生；第四章，董直庆教授、焦翠红讲师、王辉博士生和王芳玲硕士；第五章，董直庆教授和王辉博士生；第六章，董直庆教授、王辉博士生；第七章，董直庆教授、蔡啸讲师和王林辉教授；第八章，王林辉教授、董直庆教授和王辉博士生。

作　者

2020 年 5 月

目　　录

第一章

绪　　论

第一节　研究背景与意义

　　自 2010 年之后，中国一些地区爆发严重的环境问题，频繁出现污染事故和雾霾天气。生态环境部发布的《2018 年中国生态环境状况公报》显示，2018 年全国 338 个地级及以上城市中，空气质量超标的比例仍然高达 64.2%，其中 102 个城市出现酸雨，全国 10169 个国家级地下水水质监测点中，高达 86.2% 的监测点出现污染超标问题，广大民众深受其扰。世界银行与国家环保总局的联合研究报告统计显示，中国严重环境污染每年导致超过 65 万 ~70 万人早逝，其经济代价约占年均 GDP 的 8% ~15%。与此同时，经济高增长时期中国化石能源消费也稳居世界第一，《世界能源统计年鉴 2016》数据显示，2015 年中国能源消费占全球能源消费的 23%，对全球能源消费净增长贡献力度达到 34%；《世界能源统计年鉴 2019》数据显示，2018 年中国煤炭总消费量排名世界第一，高达 19.07 亿吨油当量，占世界煤炭消费总量的 50.5%。从国内能源消费结构来看，国家统计局数据显示，2015 年中国煤炭消耗占国内能源消耗的 64%，清洁能源消费比重有所提升但依然不足能源消费总量的 20%。《中国经济生态生产总值核算发展报告 2018》指出，2015 年中国环境污染所造成的损失成本高达 2.63 万亿元，占年度经济—生态生产总值的比例为 2.1%，暗示中国传统粗放型模式下经济高增长的同时已引发严重的环境问题，经济发展正以环境污染为代价。

　　环境质量的不断恶化使经济面临前所未有的节能减排压力，而长期固有的能源结构表明，中国如果继续维持当前的经济增长速度，能源消费结构在未来一定时期内将很难得以改善。为遏制环境质量持续恶化，政府正在持续不断地努力。2013年9月国务院颁发《大气污染防治行动计划》，制定十大类35项具体措施，重点加大治理力度、加速产业结构转型、推动新能源发展和大力发展清洁能源。2017年两会，李克强总理表示，加快改善生态环境特别是空气质量是可持续发展的内在要求，必须科学施策、标本兼治、铁腕治理，加快解决燃煤污染问题，全面推进污染源治理，开展重点行业污染治理专项行动。针对日益恶化的城市环境，各级政府主管部门纷纷加大环境执法力度，甚至不惜采用限制生产、甚至关停、取缔污染企业这种方式，以求遏制城市环境恶化。然而，诸如此类以直接遏制污染排放为目的的规制手段，可能会以牺牲经济增长为代价。非此即彼的环境政策不仅易造成经济增长与环境保护形成交替占优博弈，而且会反向束缚地区经济绩效的提升和压缩节能减排空间（沈能，2012），也易刺激地方政府的机会主义和短视行为，出现"中心－外围"地区经济增长和环境博弈，中心地区环境规制引发污染就近转移问题（沈坤荣等，2017）。

　　环境作为一种典型的公共物品，无论是消费者还是生产者主动为其付费的意愿皆不高，需要政府制定环境政策进行管制。虽然各级政府已开始重视环境问题，但环境政策保经济和优环境的非相容性特征，似乎使环境政策效果不尽人意。因此，在中国经济新常态环境下，如何选择适宜的政策手段实现经济增长与环境质量改善协同发展成为亟须解决的问题。若从长期考察，一国环境质量的提升将最终依靠技术进步，尤其是以清洁技术创新为导向的技术创新方向更应受到重视。清洁技术作为一国经济绿色增长的主要动力，其发展水平和创新效率为实现经济可持续发展和环境保护提供双赢途径。为此，考察环境政策对清洁技术创新的作用效应，有助于解决环境规制和经济增长两难困境。

第二节 国内外研究的文献综述

环境与经济的协调发展关系一直是各国学者及政府决策机构讨论的热点话题。格罗斯曼和克鲁格尔（Grossman & Krueger，1995）提出环境库兹涅茨曲线理论，揭示了经济增长的代价，阐述了经济增长与环境保护协调发展的意义。此后，大量研究对环境库兹涅茨曲线进行探讨，如加里尔蒂等（Galeotti et al.，2009）、布恩和法扎尼根（Buehn & Farzanegan，2013）的研究支持环境库茨涅兹曲线的有效性假说；迪米特拉和埃夫西米奥斯（Dimitra & Efthimios，2013）则从能源消耗的角度进一步验证了库兹涅茨曲线的存在。但同时也有部分学者对环境库兹涅茨曲线理论持不同意见，福卡奇等（Focacci et al.，2005）认为，环境污染和人均 GDP 之间不存在倒"U"型关系，马丁（Martin，2006）、加里尔蒂等（2009）、布恩和法扎尼根（2013）的研究也表明随着人均产出的提高，资源消耗与废弃物排放不断增加，环境质量不断下降。王锋等（2013）利用对数平均 Dicisia 指数分解法对中国 30 个省份进行测算，指出粗放型经济发展模式导致碳排放强度无法随产出增长而下降，环境库兹涅茨理论失效。亦有学者将能源消耗引入研究体系，借以探索三者之间的协调关系，俞毅（2010）以中国 28 个省份 1991～2008 年的面板数据为样本，采用面板门限回归模型考察 GDP 增长、能源消耗以及废弃物排放之间的关系，发现 GDP 增长超过门限值的地区主要集中在东部，中西部较少，在当下实现经济增长与环境质量协调发展，东部第二产业可适当向中西部转移。周睿（2015）使用面板数据协整检验、面板数据 VAR 模型以及脉冲响应等方法研究了17 个新兴经济体能源消耗、经济增长与 CO_2 排放之间的关系，发现三者存在着协整关系，短期内互为因果。

　　既然 GDP 增长、能源消耗以及废弃物排放之间互为因果，那么发达国家高经济质量、高环境质量的成因是什么？中国如何摆脱经济增长与环境恶化的发展困境？问题的关键在于清洁产品生产与技术创新。然而，长期以来的消费生产结构致使自由市场环境下非清洁产品生产以及技术研发存在资源和市场优势，清洁产品生产与技术创新往往不足，因此，如何激励清洁产品生产与技术研发成为解决经济增长与环境恶化这一矛盾的关键。波特（Porter，1995）指出，合理的环境规制会激发企业进行技术创新和改进，技术创新带来的效益将会对企业技术研发产生的成本进行补偿甚至取得部分收益。

　　关于环境规制在引致清洁技术创新方面的作用，诱致性创新理论模型可以有效解释环境规制政策对清洁技术创新的作用（Hicks，1932；Ahmad，1966；Kamien & Schwartz，1968；Binswanger，1974）。诱致性创新理论认为，提高投入品的价格，将引致技术创新朝减少使用该投入品的方向发展，或者，研发使用价格相对较低的其他投入品的技术，意味着通过环境税和排污费等环境规制措施将增加污染型产品的生产成本，进而引导企业技术创新朝清洁技术方向发展。若从企业层面考察环境规制对清洁技术创新和环境质量的关系，哈佛商学院的波特教授首次给予了系统阐述，后又被称为"波特假说"，认为合理设计的环境规制能够刺激被规制企业优化资源配置和技术革新，通过清洁技术创新带来的收益，抵减环境规制成本，提高企业生产率和产品竞争力。尤其是在国际社会环保意识日益提高的背景下，率先采用适应环境规制所要求的清洁性技术，可以使企业拥有领先者优势，优先于其他竞争者成为环保技术的净出口者。经验研究支持上述理论推断，波特（1991）指出，政府淘汰破坏臭氧层的氟氯化碳，使杜邦公司开发出危害较小的替代品。美国环保局报告显示，在清洁空气法案对有机化合物（VOC）排放标准进行限定后，工业涂料企业用户研发出 VOC 含量更低的新油漆和涂料。同时，瑞典的造纸业为有效减少污水排放法规的影响，在纸张生产过程中进行了相应的技术创新（Management Institute for Environment and Business，1994）。兰焦屋和莫迪（Lanjouw & Mody，1993）利用环境合规成本（企业为遵守环保法规的开支），结合环境专利数据分析了环境规制对清洁技术创新的影响，发现环境合规成本的上升促进了环保技术创新。随后新凯恩斯主义者运用各种理论和方法对"波特假说"展开了进一步的解释，诸如行为经济学研究认为，企业行为由其经理人所控制，企业经理人可能是风险规避者（Kennedy，1994），或受限于信息获取和认知能力，不能做出完全理性的决策（Gabel & Sinclair-Desgagne，1997），在无环境管制环境下企业投入具有相对优势的非清洁技术研发，使清洁技术研发不足，而在政策进行管制后企业经理人充分认知相关信息，增加清洁技术的研发。安比克和巴拉（Ambec & Barla，2002）发现，企业在提高生产率过程中，经理人会获得先进技术的私人信息并凭借信息优势从技术创新投资中获得租金，而政府实行环境规制对经理人抽取租金行为将起到限制作用，从而减小企业技术创新的组织成本，提高企业清洁技术研发效率。安比克和巴拉（Ambec & Barla，2006）指出，企业经理的现期偏好会导致其延迟企业的创新投资，影响创新投资对企业当期收益的增加作用，而环境规制则可以有效解决企业经理的自我控制问题，激发企业经理及时进行创新投资。基于知识的公益性质角度，一些研究指出，在无政策管制的环境中，技术的外溢效应会导致企业减少对清洁技术创新的投资，从而降低整个行业的清洁技术创新水平，此时强制性的环境规制政策法规将迫使企业提高新技术研发的投资规模，使整个产业实现帕累托改善，从低研发均衡达到高研发均衡（Mohr，2002；Greaker，2003）。安比克和巴拉（Ambec & Barla，2007）进一步指出，环境质量的信息不对称性会导致技术研发出现"柠檬市场"效应，最终使市场上充满非清洁产品。但是，诸如颁发绿色环境标志之类的环境规制措施，却可以强化绿色产品的生态特性，提升产品形象，提高企业市场竞争优势，从而激励企业对清洁技术的研发投资。不过，康斯坦塔托斯和赫尔曼（Constantatos & Herrmann，2011）发现，由于生产者从开始清洁型产品的研发生产，到消费者观察到产品的绿色特性，两者存在一定的时滞，这会在一定时间内降低率先实施清洁技术研发企业的技术创新收益，进而不利于清洁技术的发展。但是，如果此时外部加以干预，即政府能够通过实施环境规制政策，对整个行业进行清洁型产品生产的强制约束，却可以有效地解决清洁型技术研发投资的先发劣势问题。

一个需要思考的问题是，环境规制越强是否越有利于清洁技术研发呢？辛普森（Simpson，1996）等通过模型论证发现，环境政策的出台不但能使环境状况得到改善，同时也会提高企业的综合效益。布伦纳迈尔和科恩（Brunnermeier & Cohen，2003）以环境治理和控制支出水平表征环境规制强度，以大气污染治理、酸雨防治、固体垃圾处理等环境相关专利的申请数量表示清洁技术创新水平，利用美国 1983～1992 年制造业数据考察环境规制与清洁技术创新之间的关系，研究发现，环境治理支出的小幅增加则可促进环境专利申请数量的大幅增长。波普（Popp，2004）对能源部门进行研究，结果发现，忽视技术进步的方向会显著高估环境规制成本，环境政策对于企业利润和环境改善都具有积极意义。波普（2006）从空气污染治理层面检验政府环境规制对清洁技术创新的作用，选取美国、日本和德国三个国家可减少氮氧化物（NO_x）和二氧化硫（SO_2）排放的相关专利数表示环境技术创新水平，以政府制定的 NO_x 和 SO_2 排放标准衡量环境规制水平，发现一国更严厉的环境规制措施将引致该国更多的大气污染治理技术创新专利，但对其他国家的清洁技术扩散效应很小。博蒙特和塔什（Beaumont & Tinch，2004）认为，一个恰当的环境治理措施可以实现经济增长、社会收入平等和环境质量改善共赢。此外，大量的实证研究也验证了环境政策对技术进步的积极意义。阿西莫格鲁（Acemoglu，2012）等探讨了环境政策和清洁技术的关系，同样认为环境政策能够激发企业的技术创新。哈西克（Hascic，2009）对 OECD 国家 1978～2005 年汽车行业的研究结果发现，环境规制政策的作用效果与清洁技术创新类型有关，通过环境税等增加燃料价格的环境规制，能够显著提高污染物综合治理技术创新水平，而政府制定污染排放标准之类的命令—控制型环境规制，对二次燃烧污染治理技术正向作用更明显。

何为（2013）、范群林（2015）等以中国各省市数据为研究样本，研究结果发现环境政策和技术进步明显改善了环境状况，对环境治理有正向作用。李树和陈刚（2013）以数据包络法（DEA）测算出的 TFP 衡量技术创新水平，采用 APPCL2000 修订这样的实验来表示环境规制，从制度角度评估环境规制对技术创新的影响，发现严格且适宜的环境规制能够使中国经济实现生产率增长和环境质量提高的双赢结果。景维民和张璐（2014）运用 2003～2010 年中国 33 个工业行业的面板数据考察了环境管制对清洁技术进步的影响，发现适宜的环境规制能够引导工业朝着清洁技术进步方向发展。

那么，上述的研究结果是否也在暗示，环境规制对技术进步抑或清洁技术创新的作用是唯一确定的？一些经验研究结果发现，事实并非完全如此。康拉德和沃斯特（Conrad & Wastl，1995）将环境规制作为一种生产要素投入纳入生产函数中，构建出环境规制与全要素生产率的作用模型，结合德国的产业数据进行实证检验，结果发现，环境规制却会降低 TFP 增长率。格雷和夏德比恩（Gray & Shadbegian，2003）利用美国 116 家纸浆与造纸厂 1979～1990 年人口普查数据，发现反映环境规制强度的污染治理成本与生产率之间存在负相关关系，并且二者负向效应显著。贝克（Becker，2011）以美国制造业数据为样本进行检验，发现环境规制在一定程度上降低了美国制造业的生产率。沈能和刘凤朝（2012）利用中国1992～2009 年面板数据从全国整体和分地区层面检验了环境规制和技术创新的关系，研究显示环境规制对清洁技术的创新作用只在东部发达地区成立，而在落后的中西部地区，环境规制的技术创新效应却很难实现。余泳泽和杜晓芬（2013）考察了中国政府激励约束机制成效，发现环境规制节能减排效应的发挥依赖于经济发展水平，经济发展水平越高越有助于发挥环境规制的作用。董直庆等（2014）对技术、环境以及城市用地进行了分析研究，结果表明，环境的改善对城市用地存在"挤出"效应，当清洁技术的发展成熟时，经济发展与环境改善可以齐头并进。周肖肖等（2015）构建环境规制的节能路径模型对省际面板数据进行回归，结果显示只有超越一定门槛，环境规制的节能效应才会显现。董直庆等（2015）通过二阶段模型演绎环境规制与技术进步方向的作用机制，发现环境规制与清洁技术创新并非同步变化，只有经济发展达到临界水平，环境规制才能转变技术进步方向从而改善环境质量。

关于政府研发补贴和税收等环境政策的效果问题，现有研究并未形成共识。观点一认为，政府激励政策可有效弥补清洁技术研发投入不足，改变技术创新路径并激励企业创新朝清洁技术方向转变。阿西莫格鲁（Acemoglu，2012、2016）等以美国能源部门数据为基础进行研究，发现如果在非清洁技术绝对占优的环境中，仅依靠市场实现清洁技术转变将十分困难，研发补贴和税收政策可以有效激励企业朝清洁技术方向创新。胡辛格（Hussinge，2003）使用半参数选择模型研究政府补贴对德国制造业研发投入的影响，结果发现政府资助对企业研发投入具有正向激励作用。博蒙特（Beaumont，2004）等认为，恰当的环境治理措施可以使经济增长、社会收入平等和环境质量改善同步实现。费尔德曼（Feldman，2006）指出，政府补贴是推动新兴产业快速发展的重要手段，能够有效弥补企业研发投入不足。阿洪等（Aghion et al.，2012）以汽车行业数据为研究对象发现，如果企业面临较高的含税能源价格，企业会倾向于进行清洁技术创新。卡莱尔和德赫兹勒普雷（Calel & Dechezlepretre，2012）结合欧洲企业专利数据库，评估"欧盟气体排放交易计划"对低碳技术发展的效应，发现欧盟气体排放交易计划促进了低碳技术发展。姚昕等（2011）指出，取消化石能源补贴并将补贴投入清洁能源部门，对宏观经济保持正面影响的同时，能够显著减少碳排放，改善环境质量。张俊（2016）使用倍差匹配法对比发电行业有无政府补贴企业的全要素生产率，发现存在补贴的企业全要素生产率上升较快且研发投入较多，补贴政策使发电行业技术进步偏向于清洁方向。杨飞（2017）利用偏向技术创新理论分析政府环境税收和环境补贴对清洁技术发展的影响，发现环境税收对清洁技术创新的影响取决于清洁与化石能源间的替代弹性，若二者互补则环境税收会抑制清洁技术创新，而环境补贴则一直表现出正向促进作用。

观点二则认为，研发激励政策对技术进步与环境质量改变的效果有限，企业技术创新方向并非受制于政策激励而可能更多取决于能源价格。霍尔（Hall，2012）发现政府补贴与企业知识产出不存在明显的关系。张俊（2014）以中国汽车行业为研究对象验证导向型技术进步理论，结果发现潜在市场规模扩大虽然推动了汽车行业清洁技术进步，但污染技术却并未减少，中国汽车行业尚未明显偏向于清洁技术研发。王俊等（2015）的研究则进一步发现，中国汽车行业的激励型政策并未带来清洁技术对传统技术的替代，清洁技术偏向的政策效应尚有待观察。阿洪等（Aghion et al.，2016）利用80个国家40年汽车企业专利数据和含税燃油价关系，发现清洁技术创新受制于含税燃油价格和清洁技术存量，含税燃油价格高时企业更倾向于选择清洁技术，而且技术进步方向存在路径依赖特征，即经济能否选择清洁技术依赖于总量技术溢出水平和自身技术创新历史。若进一步将技术进步分成能源节约型和资本—劳动节约型两类，发现高燃油价格条件下能源节约型技术进步路径依赖性质更突出，能源价格和清洁技术水平越高，技术创新越倾向于选择清洁技术。

如果假定已有研究的理论体系是严谨的，经验研究的指标设计和计量模型选择是合理的，这样研究得出的结论应该值得相信。但不同地区、不同样本甚至同一地区、同一产业或同一样本，得到的结果为什么还会出现偏差甚至完全相左的情况呢？本书研究认为，问题在于，环境规制的技术创新效应会受多重条件的制约，不同样本往往存在市场成熟度、经济发展水平、人力资本、所有制结构和企业发展水平等多种因素的影响，这些因素发展水平的不同，都可能导致环境规制改变清洁技术创新方向。或者说，环境规制对清洁技术创新的作用并非是单一的，即两者关系也绝非简单正向或负向的线性关系，甚至更多表现出非线性特征，若将环境规制与清洁技术创新之间关系设定为线性相关是不合适的，模型结果也可能是错误的。海斯（Heyes，2009）进一步指出，环境规制的效果受企业规模的影响，其对大企业和小企业的影响存在差异。余泳泽等（2013）和董直庆等（2015）发现，当经济发展到某一临界点时，环境规制才能通过转变技术进步方向改善环境质量。或者，环境规制强度达到一定门槛后，其节能效应才会显现（周肖肖等，2015）。毛其淋（2016）采用倾向得分匹配倍差法与生存分析法，评估政府补贴对新产品创新的效应，发现适度补贴可显著激励企业新产品创新且延长技术创新时间，而高补贴却抑制新产品创新效应。

第三节　文献研究的局限性和本书的研究内容

不难发现，文献研究思路主要有三种。

一是考察政策规制与技术进步的作用关系，重点从技术进步整体视角考察技术进步与环境质量的作用关系。董直庆等（2015）建立两部门模型演绎环境规制与技术进步方向的作用机制，考察政策规制与技术进步对环境质量的关系，并未区分不同类型技术进步对环境质量的作用差异。这些研究忽视清洁与非清洁技术以及异质性环境政策对环境质量的叠加效应。

二是将技术进步分成清洁和非清洁两类，假定清洁部门只使用清洁技术并生产清洁产品，非清洁部门只使用非清洁技术生产非清洁产品，完全割裂清洁和非清洁技术对环境的作用。诸如阿西莫格鲁（Acemoglu，2012）拓展其2002年生产要素视角的两部门技术创新模型，将中间产品和技术分为清洁和非清洁两类，探究技术进步与环境质量的耦合关系。虽然现有少量文献已开始注意到不同类型技术进步的耦合性对环境质量的影响，诸如阿洪（Aghion，2016）在其研究中提出非清洁部门存在灰色技术创新，却并未将其引入生产函数进行数理考察。

三是以往也有部分文献从环境规制、技术创新方向的角度展开对环境质量的研究，例如，波普（Popp，2004）利用一般均衡方法分析环境政策对于企业利润和环境改善的作用，但并未构建环境质量和技术进步方向以及经济发展耦合模型；阿西莫格鲁（Acemoglu，2012）以清洁和非清洁区分中间产品和技术进步，构建两部门模型，分析技术进步以及环境质量的耦合关系，但其模型拟合结果过多依靠参数设定，政策效果不稳定。国内关于政策规制与环境质量的文献相对较少，董直庆等（2015）通过二阶段模型演绎环境规制与技术进步方向的作用机制，但只是局部分析政策规制与技术进步的协调关系，并未将其限定到经济增长与环境质量改善的总体框架中。

本书的研究工作主要在于以下三点。

第一，在全面梳理技术进步方向和环境政策评价文献基础上，将技术进步分类构建两部门技术进步方向模型，引入研发补贴与污染税收政策，允许清洁与非清洁技术对环境质量耦合式影响，数理演绎政策规制、技术创新方向和环境质量的作用机制及其经济效果。

第二，依据环境政策非中性视角，深入挖掘不同类型环境规制政策对清洁和非清洁技术创新的非线性作用效应，并引入经济发展水平指标，考察其对环境规制的清洁技术创新效应的影响，提高环境规制政策的作用效果和精准把握政策作用的着力点。

第三，数值模拟不同环境政策下技术创新方向的变迁路径、环境质量和经济增长的演化路径，分析不同类型环境政策对环境质量和经济增长作用效果的差异，设计最优环境政策及政策组合，探讨实现经济增长与环境质量改善共生发展的政策规制手段。

第二章

环境政策、清洁技术创新与环境质量的理论模型

第一节　模型基本设定

本节扩展阿西莫格鲁（Acemoglu，2012）环境技术进步方向模型，构建两部门 CES 生产函数模型，假定最终产品 Y_t 由清洁部门 C 与非清洁部门 N 共同生产。清洁与非清洁中间产品的生产部门均采用劳动与蕴含前沿技术的资本品生产，资本品质量取决于技术进步，技术水平和技术进步率受制于创新投入。

1. 最终产品部门。产品总产能 Y_t 采用固定替代弹性的 CES 生产函数表示：

$$Y_t = (\phi_c Y_{ct}^{\frac{\varepsilon-1}{\varepsilon}} + \phi_N Y_{Nt}^{\frac{\varepsilon-1}{\varepsilon}})^{\frac{\varepsilon}{\varepsilon-1}} \tag{2-1}$$

其中，Y_{ct} 代表清洁型中间产品部门的产能，Y_{Nt} 代表非清洁型中间产品部门的产能，ϕ_c 和 ϕ_N 参数分别表示清洁和非清洁型中间产品部门产能对最终产品的贡献程度，且 $0 < \phi_c$，$\phi_N < 1$，替代弹性 ε 表示非清洁型中间产品与清洁型中间产品之间的替代特征。

2. 中间产品生产部门。中间产品分为清洁型和非清洁型中间产品生产部门，由劳动和资本品进行生产，生产函数满足：

$$Y_{ct} = L_{ct}^{1-\alpha} \int_0^1 q_{cit}^{1-\alpha} m_{cit}^{\alpha} di, \, Y_{Nt} = L_{Nt}^{1-\alpha} \int_0^1 q_{Nit}^{1-\alpha} m_{Nit}^{\alpha} di \qquad (2-2)$$

其中，L_{ct} 与 L_{Nt} 分别代表清洁型与非清洁型中间产品生产部门的劳动投入量，总劳动规模为 L_t，满足 $L_{Nt} + L_{ct} = L_t$。m_{cit} 代表清洁型中间产品生产部门中所使用的第 i 种资本品的数量，可以认为是机器的数量，q_{cit} 代表清洁型中间产品生产部门中所使用的第 i 种机器的质量，且 $\alpha \in (0,1)$。

假定非清洁型中间产品的生产过程才会产生污染，产品生产越多对环境的负外部性越大，即表现为环境质量越差。为抑制企业生产过程中的污染物排放和提高环境质量，政府对非清洁型中间产品生产部门征收一定比例的污染税。非清洁型中间产品生产部门通过选择最优劳动力和机器投入规模实现其利润最大化，因此，对于非清洁型中间产品生产部门 N，其利润最大化问题为：

$$\max_{\left\lceil L_{Nit}, m_{cit} \right\rceil} (1-T_t) P_{Nt} L_{Nt}^{1-\alpha} \int_0^1 q_{Nit}^{1-\alpha} m_{Nit}^{\alpha} di - W_{Nt} L_{Nt} - \int_0^1 P_{Nit} m_{Nit} di$$

$$(2-3)$$

其中，P_{Nt} 为 Y_{Nt} 的价格，P_{Nit} 为 m_{Nit} 的价格，W_{Nt} 为非清洁型中间产品生产部门劳动力的价格，依据利润最大化原则，上式对 L_{Nt} 和 m_{Nit} 求偏导，整理能够得到：

$$W_{Nt} = (1-T_t)(1-\alpha) P_{Nt} L_{Nt}^{-\alpha} \int_0^1 q_{Nit}^{1-\alpha} m_{Nit}^{\alpha} di \qquad (2-4)$$

$$P_{Nit} = \alpha (1-T_t) P_{Nt} L_{Nt}^{1-\alpha} q_{Nit}^{1-\alpha} m_{Nit}^{\alpha-1} \qquad (2-5)$$

对于清洁型中间产品生产部门政府无需对其征收污染税，由此可得：

$$W_{ct} = (1-\alpha) P_{ct} L_{ct}^{-\alpha} \int_0^1 q_{cit}^{1-\alpha} m_{cit}^{\alpha} di \qquad (2-6)$$

$$P_{cit} = \alpha \, P_{ct} L_{ct}^{1-\alpha} q_{cit}^{1-\alpha} m_{cit}^{\alpha-1} \qquad (2-7)$$

　　机器由垄断竞争厂商生产，为计算方便假设生产一单位的机器需要投入一单位的中间产品，则为非清洁型中间产品生产提供机器的生产商，其利润最大化目标函数为：

$$\max\left[P_{Nit}m_{Nit} - P_{Nt}m_{Nit}\right] \qquad (2-8)$$

求解该最优化问题，得到非清洁型中间产品生产部门第 i 类机器生产商的最优产量为：

$$m_{Nit} = \alpha^{\frac{2}{1-\alpha}}(1-T_t)^{\frac{1}{1-\alpha}}L_{Nt}q_{Nit} \qquad (2-9)$$

进而可得，其最大化利润为：

$$\pi_{Nit} = P_{Nt}(1-T_t)^{\frac{1}{1-\alpha}}(1-\alpha)\alpha^{\frac{1+\alpha}{1-\alpha}}L_{Nt}q_{Nit} \qquad (2-10)$$

同理可得清洁型中间产品生产部门第 i 类机器生产商的最优产量和最大化利润为：

$$m_{cit} = \alpha^{\frac{2}{1-\alpha}}L_{ct}q_{cit} \qquad (2-11)$$

$$\pi_{cit} = P_{ct}(1-\alpha)\alpha^{\frac{1+\alpha}{1-\alpha}}L_{ct}q_{cit} \qquad (2-12)$$

　　式（2-10）、式（2-12）中机器生产商的最大化利润与其所生产的机器质量直接相关，在既定条件下，机器生产商所生产的机器质量越高，其盈利水平越高。

　　为简化分析，定义：

$$q_{jt} = \int_0^1 q_{jit}di, j \in \{c, N\} \qquad (2-13)$$

其中，q_{ct} 代表清洁型中间产品生产部门中所有机器的平均质量，代表整体清洁技术水平；q_{Nt} 代表非清洁型中间产品生产部门中所有机器的平均质量，代表整体非清洁技术水平。

　　分别将式（2-9）和式（2-11）代入式（2-2），可得：

$$Y_{Nt} = \alpha^{\frac{2\alpha}{1-\alpha}}(1-T_t)^{\frac{\alpha}{1-\alpha}}L_{Nt}q_{Nt} \qquad (2-14)$$

$$Y_{ct} = \alpha^{\frac{2\alpha}{1-\alpha}} L_{ct} q_{ct} \qquad (2-15)$$

3. 研发创新部门。假定清洁型中间产品生产部门第 i 类机器 m_{cit} 的质量水平为 q_{cit}，机器质量的研发者也是机器的生产者，机器 m_{cit} 的质量水平在时间 t 被改进程度 β_c 的概率为 μ_{cit}，没有被改进的概率为 $1-\mu_{cit}$，其中 $\beta_c > 1$。即使质量水平没有被改进，机器 m_{cit} 仍将保持原有质量水平。技术进步与研发投入之间存在正向关系，借鉴阿洪（Aghion，1992、2009）的设计，同时将研发投入改进为人均研发投入以规避研发规模效应，并进一步修正研发投入的产出弹性为 φ，由此本书将研发概率函数设定为：

$$\mu_{cit} = \lambda_c \left(\frac{u R_{cit}}{L_{ct} q_{cit}} \right)^{\varphi} \qquad (2-16)$$

其中，R_{cit} 为研发投入量，λ_c 为研发效率参数，受制于既有的技术水平、人力资本水平、经济发展阶段和所有制结构等因素。$u(1 \leqslant u)$ 为政府补贴参数，当 $u=1$ 时，代表政府没有对清洁技术研发进行补贴，φ 为研发投入的产出参数。

由前所述，清洁型中间产品生产提供机器创新成功的概率为 μ_{cit}，失败的概率为 $1-\mu_{cit}$，创新成功可使其质量达到 q_{cit}，对应 π_{cit} 的收益，失败的收益为 0，故期望收益为 $\mu_{cit} \times \pi_{cit}$，创新成本为 R_{cit}，创新利润最大化目标函数为：

$$\max \left[\mu_{cit} \pi_{cit} - P_{ct} R_{cit} \right] \qquad (2-17)$$

求解目标函数可得最优创新概率为：

$$\mu_{cit} = \lambda_c^{\frac{1}{1-\varphi}} \varphi^{\frac{\varphi}{1-\varphi}} u^{\frac{\varphi}{1-\varphi}} (1-\alpha)^{\frac{\varphi}{1-\varphi}} \alpha^{\frac{(1+\alpha)\varphi}{(1-\alpha)(1-\varphi)}} \qquad (2-18)$$

创新成功的概率取决于清洁型中间产品生产过程中机器的研发效率、研发产出弹性及政府补贴力度。可见，任一机器 m_{cit} 的创新概率均相同，即 $\mu_{cit} = \mu_{ct}$，由此进一步可得平均技术水平的表达式如下：

$$q_{ct} = \int_0^1 \beta_c q_{cit-1} \mu_{cit} di + \int_0^1 q_{cit-1} (1 - \mu_{cit}) di$$
$$= \beta_c q_{ct-1} \mu_{ct} + q_{ct-1} (1 - \mu_{ct}) \tag{2-19}$$

由上式可得清洁型中间产品生产部门的技术进步率为:

$$g_{ct} = \frac{q_{ct} - q_{ct-1}}{q_{ct-1}} = \beta_c \mu_{ct} + 1 - \mu_{ct} - 1 = (\beta_c - 1) \mu_{ct} \tag{2-20}$$

将最优创新概率代入上式得:

$$g_{ct} = (\beta_c - 1) \lambda_c^{\frac{1}{1-\varphi}} \varphi^{\frac{\varphi}{1-\varphi}} u^{\frac{\varphi}{1-\varphi}} (1-\alpha)^{\frac{\varphi}{1-\varphi}} \alpha^{\frac{(1+\alpha)\varphi}{(1-\alpha)(1-\varphi)}} \tag{2-21}$$

可得政府补贴对清洁型中间产品生产部门技术进步率的影响为:

$$\frac{\partial g_{ct}}{\partial u} = \frac{\varphi}{1-\varphi} (\beta_c - 1) \lambda_c^{\frac{1}{1-\varphi}} \varphi^{\frac{\varphi}{1-\varphi}} (1-\alpha)^{\frac{\varphi}{1-\varphi}} \alpha^{\frac{(1+\alpha)\varphi}{(1-\alpha)(1-\varphi)}} u^{\frac{2\varphi-1}{1-\varphi}}$$
$$\tag{2-22}$$

对于非清洁生产部门,政府不给予研发补贴,类似地可得其最优创新概率为:

$$g_{Nt} = (\beta_N - 1) \lambda_N^{\frac{1}{1-\varphi}} \varphi^{\frac{\varphi}{1-\varphi}} (1-T_t)^{\frac{\varphi}{(1-\alpha)(1-\varphi)}} (1-\alpha)^{\frac{\varphi}{1-\varphi}} \alpha^{\frac{(1+\alpha)\varphi}{(1-\alpha)(1-\varphi)}} \tag{2-23}$$

税收强度对非清洁型中间产品生产部门的技术进步率的影响为:

$$\frac{\partial g_{Nt}}{\partial T_t} = -\frac{\varphi}{(1-\alpha)(1-\varphi)} (\beta_N - 1) \lambda_N^{\frac{1}{1-\varphi}} \varphi^{\frac{\varphi}{1-\varphi}} (1-\alpha)^{\frac{\varphi}{1-\varphi}}$$
$$\alpha^{\frac{(1+\alpha)\varphi}{(1-\alpha)(1-\varphi)}} (1-T_t)^{\frac{\varphi-(1-\alpha)(1-\varphi)}{(1-\alpha)(1-\varphi)}} \tag{2-24}$$

第二节　清洁技术创新与环境质量

根据行业最终生产函数的 CES 函数特征,可以得到各生产部门的产品价格等于最终产品部门边际产量的价值。清洁型与非清洁型中间产品产出的关系为：

$$\frac{Y_{ct}}{Y_{Nt}} = \frac{\left(\frac{\phi_c}{P_{ct}}\right)^{\varepsilon} Y_t}{\left(\frac{\phi_N}{P_{Nt}}\right)^{\varepsilon} Y_t} = \left(\frac{P_{Nt}\phi_c}{P_{ct}\phi_N}\right)^{\varepsilon} \qquad (2-25)$$

分别将非清洁型与清洁型中间产品生产部门的最优产量 $Y_{Nt} = \alpha^{\frac{2\alpha}{1-\alpha}}(1-T_t)^{\frac{\alpha}{1-\alpha}}L_{Nt}q_{Nt}$ 和 $Y_{ct} = \alpha^{\frac{2\alpha}{1-\alpha}}L_{ct}q_{ct}$ 代入式（2-25），可得：

$$\frac{L_{ct}q_{ct}}{L_{Nt}q_{Nt}}(1-T_t)^{\frac{-\alpha}{1-\alpha}} = \left(\frac{P_{Nt}\phi_c}{P_{ct}\phi_N}\right)^{\varepsilon} \qquad (2-26)$$

由于劳动要素市场完全竞争及自由流动的特征，部门劳动要素边际产品价值相等，由此可得：

$$(1-\alpha)P_{ct}L_{ct}^{-\alpha}\int_0^1 q_{cit}^{1-\alpha}m_{cit}^{\alpha}di = (1-T_t)P_{Nt}(1-\alpha)L_{Nt}^{-\alpha}\int_0^1 q_{Nit}^{1-\alpha}m_{Nit}^{\alpha}di \qquad (2-27)$$

分别将两部门机器最优产量 $m_{Nit} = \alpha^{\frac{2}{1-\alpha}}(1-T_t)^{\frac{1}{1-\alpha}}L_{Nt}q_{Nit}$ 和 $m_{cit} = \alpha^{\frac{2}{1-\alpha}}L_{ct}q_{cit}$ 代入上式（2-27）可得：

$$\frac{P_{ct}}{P_{Nt}} = \left(\frac{q_{Nt}}{q_{ct}}\right)(1-T_t)^{\frac{1}{1-\alpha}} \qquad (2-28)$$

由此行业间劳动力的比值关系如下：

$$\frac{L_{ct}}{L_{Nt}} = \left(\frac{P_{ct}}{P_{Nt}}\right)^{-\varepsilon}\left(\frac{\phi_c}{\phi_N}\right)^{\varepsilon}\left(\frac{q_{ct}}{q_{Nt}}\right)^{-1}(1-T_t)^{\frac{\alpha}{1-\alpha}} \qquad (2-29)$$

进而将式（2-28）代入式（2-29）得：

$$\frac{L_{ct}}{L_{Nt}} = \left(\frac{q_{ct}}{q_{Nt}}\right)^{\varepsilon-1}(1-T_t)^{\frac{\alpha-\varepsilon}{1-\alpha}}\left(\frac{\phi_c}{\phi_N}\right)^{\varepsilon} \qquad (2-30)$$

由 $L_{Nt} + L_{ct} = L_t$ 可得：

$$L_{Nt} = \frac{q_{Nt}^{\varepsilon-1}\phi_N^{\varepsilon}}{q_{Nt}^{\varepsilon-1}\phi_N^{\varepsilon} + q_{ct}^{\varepsilon-1}\phi_c^{\varepsilon}(1-T_t)^{\frac{\alpha-\varepsilon}{1-\alpha}}}L_t \qquad (2-31)$$

$$L_{ct} = \frac{q_{ct}^{\varepsilon-1}\phi_c^{\varepsilon}(1-T_t)^{\frac{\alpha-\varepsilon}{1-\alpha}}}{q_{Nt}^{\varepsilon-1}\phi_N^{\varepsilon} + q_{ct}^{\varepsilon-1}\phi_c^{\varepsilon}(1-T_t)^{\frac{\alpha-\varepsilon}{1-\alpha}}}L_t \qquad (2-32)$$

式（2-31）和式（2-32）表明，部门间劳动力结构转换依赖于中间产品替代弹性 ε、清洁型与非清洁型中间产品对最终产品的贡献程度 ϕ_c 和 ϕ_N 以及中间产品的技术进步水平 q_{it}。内生化技术进步决定机制，得：

$$L_{Nt} = \frac{q_{Nt_0}e^{g_{Nt}t^{\varepsilon-1}}\phi_N^{\varepsilon}}{q_{Nt_0}e^{g_{Nt}t^{\varepsilon-1}}\phi_N^{\varepsilon} + q_{ct_0}e^{g_{ct}t^{\varepsilon-1}}\phi_c^{\varepsilon}(1-T_t)^{\frac{\alpha-\varepsilon}{1-\alpha}}}L_t \qquad (2-33)$$

$$L_{ct} = \frac{q_{ct_0}e^{g_{ct}t^{\varepsilon-1}}\phi_c^{\varepsilon}(1-T_t)^{\frac{\alpha-\varepsilon}{1-\alpha}}}{q_{Nt_0}e^{g_{Nt}t^{\varepsilon-1}}\phi_N^{\varepsilon} + q_{ct_0}e^{g_{ct}t^{\varepsilon-1}}\phi_c^{\varepsilon}(1-T_t)^{\frac{\alpha-\varepsilon}{1-\alpha}}}L_t \qquad (2-34)$$

上述两式显示 L_{Nt} 和 L_{ct} 分别为 g_{Nt} 和 g_{ct} 的函数，同时根据式（2-21）、式（2-23）可以发现，L_{Nt} 和 L_{ct} 是政府补贴强度 u 和税收水平 T_t 的隐函数，表明政策性干预会显著影响产业部门劳动力结构转换。

环境质量 Q_t 由本期污染流量 P_t 及上期污染存量 S_{t-1} 所决定，P_t、S_{t-1} 与 Q_t 设定如下：

$$S_t = (1-\delta)S_{t-1} + P_t, \quad Q_t = S_t^{\rho} \qquad (2-35)$$

其中，$0 < \delta < 1$ 为自然状态下环境自我恢复能力参数，ρ 为污染存量与环境质量之间的转化参数，污染存量越高环境质量越差，因此，$\rho < 0$。污染流量 P_t 来自非清洁型中间产品生产过程的排放：

$$P_t = \frac{r_1 Y_{Nt}}{q_{ct}^{r_2}} \qquad (2-36)$$

其中,参数r_1为非清洁型中间产品Y_{Nt}的碳排放参数,r_2为清洁技术对空气的净化能力参数。

进一步将$Y_{Nt} = \alpha^{\frac{2\alpha}{1-\alpha}}(1 - T_t)^{\frac{\alpha}{1-\alpha}}L_{Nt}q_{Nt}$代入上述两式可得:

$$P_t = r_1 q_{ct}^{-r_2}\alpha^{\frac{2\alpha}{1-\alpha}}(1 - T_t)^{\frac{\alpha}{1-\alpha}}L_{Nt}q_{Nt} \qquad (2-37)$$

$$Q_t = ((1-\delta)S_{t-1} + r_1 q_{ct}^{-r_2}\alpha^{\frac{2\alpha}{1-\alpha}}(1 - T_t)^{\frac{\alpha}{1-\alpha}}L_{Nt}q_{Nt})^\rho \qquad (2-38)$$

第三节 政策均衡效果

式(2-31)和式(2-32)表明,清洁型与非清洁型中间产品生产部门劳动力分配取决于清洁技术进步水平q_{ct}与非清洁技术进步水平q_{Nt}、清洁型中间产品和非清洁型中间产品对最终产品的贡献程度ϕ_c和ϕ_N以及税率T_t,而q_{ct}和q_{Nt}也分别受制于政府补贴强度u和税收水平T_t,定义$a(t) = \dfrac{q_{ct}}{q_{Nt}}$代表相对清洁技术进步水平:

$$a(t) = \frac{q_{ct-1}e^{g_{ct}}}{q_{Nt-1}e^{g_{Nt}}} = \frac{q_{ct0}}{q_{Nt0}}c^{(e^{g_{ct}} - g_{Nt})t} \qquad (2-39)$$

如果初始水平下清洁技术水平较低,当$g_{ct} < g_{Nt}$时,$\dfrac{q_{ct-1}}{q_{Nt-1}} > \dfrac{q_{ct}}{q_{Nt}}$,相对清洁技术进步水平$a(t)$随时间下降;反之,相对清洁技术进步水平$a(t)$随时间上升;当$g_{ct} = g_{Nt}$时,$\dfrac{q_{ct-1}}{q_{Nt-1}} = \dfrac{q_{ct}}{q_{Nt}}$,相对清洁技术进步水平$a(t)$一直维持不变。在自由市场经济环境下,清洁技术对非清洁技术的替代成本较高,需要政府政策引导来推动其发展,主要有政府研发补贴与污染税收两种形式。

如下为政府补贴强度u和税收水平T_t对$a(t)$的作用效应:

$$\frac{\partial a(t)}{\partial u} = t\frac{q_{ct0}}{q_{Nt0}}e^{(e^{g_{ct}} - g_{Nt})t}M(\beta_c - 1)\lambda_c^{\frac{1}{1-\varphi}}u^{\frac{2\varphi-1}{1-\varphi}} \qquad (2-40)$$

$$\frac{\partial a(t)}{\partial T_t} = t \frac{q_{ct0}}{q_{Nt0}} e^{(g_{ct} - g_{Nt})t} M \frac{1}{(1-\alpha)} (\beta_N - 1) \lambda_N^{\frac{1}{1-\varphi}} (1 - T_t)^{\frac{\varphi}{(1-\alpha)(1-\varphi)} - 1}$$

$$(2-41)$$

其中，$M = \frac{\varphi}{1-\varphi} \varphi^{\frac{\varphi}{1-\varphi}} (1-\alpha)^{\frac{\varphi}{1-\varphi}} \alpha^{\frac{(1+\alpha)\varphi}{(1-\alpha)(1-\varphi)}}$，表达式（2 – 40）和式（2 – 41）表明，当 $0 < \varphi < 1$ 时，政府补贴强度 u 和税收水平 T_t 能有效促进相对清洁技术进步水平；当 $\varphi > 1$ 时，会降低清洁技术创新水平。其作用强度不仅取决于政府补贴强度 u 和税收水平 T_t 的自身水平，研发产出弹性 φ、研发效率 λ 以及技术改进强度 β 皆能影响清洁技术水平，同时政策效果的延续性 t 也是两类政策对清洁技术进步水平的重要影响因素。进一步讨论两类政策干预对清洁与非清洁产出的影响：

$$\frac{\partial Y_{ct}}{\partial u} = \alpha^{\frac{2\alpha}{1-\alpha}} \left(q_{ct} \frac{\partial L_{ct}}{\partial u} + L_{ct} \frac{\partial q_{ct}}{\partial u} \right)$$

$$(2-42)$$

$$\frac{\partial Y_{ct}}{\partial T_t} = \alpha^{\frac{2\alpha}{1-\alpha}} q_{ct} \frac{\partial L_{ct}}{\partial T_t}$$

$$(2-43)$$

其中，$\frac{\partial q_{ct}}{\partial u} = t q_{ct_0} e^{g_{ct}t} \frac{\partial g_{ct}}{\partial u}$，$\frac{\partial L_{ct}}{\partial u} = \frac{(\varepsilon - 1) \phi_N^\varepsilon q_{Nt}^{\varepsilon-1} q_{ct}^{\varepsilon-2} \phi_c^\varepsilon (1 - T_t)^{\frac{\alpha-\varepsilon}{1-\alpha}} \frac{\partial q_{ct}}{\partial u}}{(q_{Nt}^{\varepsilon-1} \phi_N^\varepsilon + q_{ct}^{\varepsilon-1} \phi_c^\varepsilon (1 - T_t)^{\frac{\alpha-\varepsilon}{1-\alpha}})^2} L_t$，政府补贴强度 u 对清洁型中间产品产出的具体影响分为两部分。第一，由前述分析可知，当 $0 < \varphi < 1$ 时，$\frac{\partial q_{ct}}{\partial u} = t q_{ct_0} e^{g_{ct}t} \frac{\partial g_{ct}}{\partial u} > 0$，政府补贴强度 u 能够提升清洁技术进步水平 q_{ct}，进而提高清洁型中间产品的产出，当 $\varphi > 1$ 时，情况相反。第二，政府补贴强度 u 通过改变清洁型中间产品生产过程中 L_{ct} 的需求强度影响中间产品的产出。当 $\varepsilon > 1$ 时，清洁型中间产品与非清洁型中间产品呈现相互替代关系，$\frac{\partial L_{ct}}{\partial u} > 0$，政府补贴强度 u 的提升能够增加对 L_{ct} 的需

求，进而提高清洁型中间产品的产出；当 $\varepsilon < 1$ 时，清洁型中间产品与非清洁型中间产品呈现互补关系，$\dfrac{\partial L_{ct}}{\partial u} < 0$，政府补贴强度 u 的提升将降低对 L_{ct} 的需求，清洁型中间产品 Y_{ct} 的产量减少。污染税收对清洁型中间产品产出的影响取决于替代弹性 ε，其中，$\dfrac{\partial L_{ct}}{\partial T_t} =$

$$\frac{(1 - T_t)^{\frac{2\alpha - \varepsilon - 1}{1 - \alpha}} \phi_N^\varepsilon \phi_c^\varepsilon q_{Nt}^{\varepsilon - 2} q_{ct}^{\varepsilon - 1}\left[-(1 - T_t)(\varepsilon - 1)\dfrac{\partial q_{Nt}}{\partial T_t} - \dfrac{\alpha - \varepsilon}{1 - \alpha} q_{Nt}\right]}{(q_{Nt}^{\varepsilon - 1}\phi_N^\varepsilon + q_{ct}^{\varepsilon - 1}\phi_c^\varepsilon (1 - T_t)^{\frac{\alpha - \varepsilon}{1 - \alpha}})^2} L_t, \quad 当$$

$\varepsilon > 1$ 时，清洁型与非清洁型中间产品呈现相互替代关系，税收水平 T_t 的提升能够增加清洁型中间产品生产过程中对 L_{ct} 的需求，从而提高清洁型中间产品产出。当 $\varepsilon < 1$ 时，清洁型中间产品与非清洁型中间产品呈现互补关系。如果 $\alpha > \varepsilon$，税收水平 T_t 的提升能够减少清洁型中间产品生产过程中对 L_{ct} 的需求，进而减少清洁型中间产品 Y_{ct} 的产量；如果 $\alpha < \varepsilon$，作用方向不确定，最终作用效应取决于两者的作用强度。

$$\frac{\partial Y_{Nt}}{\partial u} = \alpha^{\frac{2\alpha}{1 - \alpha}}(1 - T_t)^{\frac{\alpha}{1 - \alpha}} q_{Nt} \frac{\partial L_{Nt}}{\partial u} \qquad (2 - 44)$$

$$\frac{\partial Y_{Nt}}{\partial T_t} = \alpha^{\frac{2\alpha}{1 - \alpha}}\left[-\frac{\alpha}{1 - \alpha}(1 - T_t)^{\frac{2\alpha - 1}{1 - \alpha}} q_{Nt} L_{Nt} + (1 - T_t)^{\frac{\alpha}{1 - \alpha}}\left(\frac{\partial L_{Nt}}{\partial T_t} q_{Nt} + L_{Nt}\frac{\partial q_{Nt}}{\partial T_t}\right)\right]$$
$$(2 - 45)$$

其中，$\dfrac{\partial L_{Nt}}{\partial u} = \dfrac{-(\varepsilon - 1)\phi_N^\varepsilon q_{Nt}^{\varepsilon - 1} q_{ct}^{\varepsilon - 2}\phi_c^\varepsilon (1 - T_t)^{\frac{\alpha - \varepsilon}{1 - \alpha}}\dfrac{\partial q_{ct}}{\partial u}}{(q_{Nt}^{\varepsilon - 1}\phi_N^\varepsilon + q_{ct}^{\varepsilon - 1}\phi_c^\varepsilon (1 - T_t)^{\frac{\alpha - \varepsilon}{1 - \alpha}})^2} L_t$，政府补贴对非清洁型中间产品产出的影响取决于替代弹性 ε，当 $\varepsilon > 1$ 时，清洁型中间产品与非清洁型中间产品呈现相互替代关系，$\dfrac{\partial L_{Nt}}{\partial u} < 0$，政府补贴强度 u 的提升能够有效降低对 L_{Nt} 的需求，从而降低非清洁型中间产品 Y_{Nt} 的产

出；当 $\varepsilon < 1$ 时，清洁型中间产品与非清洁型中间产品呈现互补关系，$\frac{\partial L_{Nt}}{\partial u} > 0$，政府补贴强度 u 的提升能够提高非清洁型产品的产出。污染税收 T_t 对非清洁型中间产品的产出具有三方面的影响，其中，$\frac{\partial L_{Nt}}{\partial T_t} =$

$$\frac{(1-T_t)^{\frac{2\alpha-\varepsilon-1}{1-\alpha}}\phi_N^\varepsilon\phi_c^\varepsilon q_{Nt}^{\varepsilon-2}q_{ct}^{\varepsilon-1}\left[(1-T_t)(\varepsilon-1)\frac{\partial q_{Nt}}{\partial T_t}+\frac{\alpha-\varepsilon}{1-\alpha}q_{Nt}\right]}{(q_{Nt}^{\varepsilon-1}\phi_N^\varepsilon+q_{ct}^{\varepsilon-1}\phi_c^\varepsilon(1-T_t)^{\frac{\alpha-\varepsilon}{1-\alpha}})^2}L_t，第一，$$

税收水平 T_t 能够直接降低非清洁型产品的产出；第二，由前述分析可知 $\frac{\partial q_{Nt}}{\partial T_t} = t\,q_{Nt0}e^{g_{Nt}}\frac{\partial g_{Nt}}{\partial T_t} < 0$，污染税收 T_t 能够抑制非清洁技术进步水平 q_{Nt} 的提升，进而降低非清洁型中间产品的产出；第三，污染税收 T_t 通过改变非清洁型中间产品生产过程中对 L_{Nt} 的需求强度影响其产出。当 $\varepsilon > 1$ 时，清洁型中间产品与非清洁型中间产品呈现相互替代关系，税收水平 T_t 的提升能够有效降低非清洁型中间产品生产过程中对 L_{Nt} 的需求，降低非清洁型中间产品 Y_{Nt} 的产量。当 $\varepsilon < 1$ 时，清洁型中间产品与非清洁型中间产品呈现互补关系。如果 $\alpha > \varepsilon$，税收水平 T_t 的提升能够增加非清洁型中间产品生产过程中对 L_{Nt} 的需求，提高非清洁型中间产品 Y_{Nt} 的产量；如果 $\alpha < \varepsilon$，作用方向不确定，最终作用效应取决于三者的作用强度。

　　将式（2-21）、式（2-23）、式（2-31）看作一个系统，当 β_c、φ、α、β_N、λ_c、λ_N、ϕ_c、ϕ_N、r_1 给定时，L_{Nt} 的投入强度取决于 q_{ct} 和 q_{Nt}，q_{ct} 和 q_{Nt} 分别为政府补贴强度 u 和税收水平 T_t 的函数，可得环境质量与政府补贴强度 u 的作用关系如下：

$$\frac{\partial Q_t}{\partial u} = -r_1 r_2\rho S_t^{\rho-1}\alpha^{\frac{2\alpha}{1-\alpha}}(1-T_t)^{\frac{\alpha}{1-\alpha}}q_{ct}^{-r_2-1}L_{Nt}q_{Nt}\frac{\partial q_{ct}}{\partial u}$$

$$+r_1\rho S_t^{\rho-1}\alpha^{\frac{2\alpha}{1-\alpha}}(1-T_t)^{\frac{\alpha}{1-\alpha}}q_{ct}^{-r_2}q_{Nt}\frac{\partial L_{Nt}}{\partial u}$$

其中，$\dfrac{\partial q_{ct}}{\partial u} = t\, q_{ct_0} e^{g_{ct}} \dfrac{\partial g_{ct}}{\partial u}$，$\dfrac{\partial L_{Nt}}{\partial u} = \dfrac{-(\varepsilon-1)\phi_N^\varepsilon q_{Nt}^{\varepsilon-1} q_{ct}^{\varepsilon-2} \phi_c^\varepsilon (1-T_t)^{\frac{\alpha-\varepsilon}{1-\alpha}} \dfrac{\partial q_{ct}}{\partial u}}{(q_{Nt}^{\varepsilon-1}\phi_N^\varepsilon + q_{ct}^{\varepsilon-1}\phi_c^\varepsilon (1-T_t)^{\frac{\alpha-\varepsilon}{1-\alpha}})^2} L_t$。

政府补贴强度 u 对环境质量的具体影响分为两部分：第一，政府补贴强度 u 能够改变清洁技术进步水平 q_{ct}，进而改变清洁技术对环境的净化能力；第二，政府补贴强度 u 通过改变非清洁型中间产品生产过程中 L_{Nt} 的需求强度影响环境质量。当 $\varepsilon > 1$ 时，清洁型中间产品与非清洁型中间产品呈现相互替代关系，$\dfrac{\partial L_{Nt}}{\partial u} < 0$，政府补贴强度 u 的提升能够有效降低对 L_{Nt} 的需求，降低非清洁型中间产品 Y_{Nt} 的产量，减少污染物的排放，从而促进环境质量的改善；当 $\varepsilon < 1$ 时，清洁型中间产品与非清洁型中间产品呈现互补关系，$\dfrac{\partial L_{Nt}}{\partial u} > 0$，政府补贴强度 u 的提升能够增加非清洁型中间产品生产过程中 L_{Nt} 的需求，使非清洁型中间产品 Y_{Nt} 的产量增加，从而导致环境质量恶化。

同理可得环境质量与税收水平 T_t 之间的作用效应：

$$\frac{\partial Q_t}{\partial T_t} = \frac{\alpha}{1-\alpha} r_1 \rho S_t^{\rho-1} \alpha^{\frac{2\alpha}{1-\alpha}} (1-T_t)^{\frac{2\alpha-1}{1-\alpha}} q_{ct}^{-r_2} L_{Nt} q_{Nt}$$

$$+ r_1 \rho S_t^{\rho-1} \alpha^{\frac{2\alpha}{1-\alpha}} (1-T_t)^{\frac{\alpha}{1-\alpha}} q_{ct}^{-r_2} q_{Nt} \frac{\partial L_{Nt}}{\partial T_t}$$

$$+ r_1 \rho S_t^{\rho-1} \alpha^{\frac{2\alpha}{1-\alpha}} (1-T_t)^{\frac{\alpha}{1-\alpha}} q_{ct}^{-r_2} L_{Nt} \frac{\partial q_{Nt}}{\partial T_t}$$

其中，$\dfrac{\partial q_{Nt}}{\partial T_t} = t\, q_{Nt_0} e^{g_{Nt}} \dfrac{\partial g_{Nt}}{\partial T_t}$，$\dfrac{\partial L_{Nt}}{\partial T_t} = \dfrac{(1-T_t)^{\frac{2\alpha-\varepsilon-1}{1-\alpha}} \phi_N^\varepsilon \phi_c^\varepsilon q_{Nt}^{\varepsilon-2} q_{ct}^{\varepsilon-1} \left[(1-T_t)(\varepsilon-1) \dfrac{\partial q_{Nt}}{\partial T_t} + \dfrac{\alpha-\varepsilon}{1-\alpha} q_{Nt} \right]}{(q_{Nt}^{\varepsilon-1}\phi_N^\varepsilon + q_{ct}^{\varepsilon-1}\phi_c^\varepsilon (1-T_t)^{\frac{\alpha-\varepsilon}{1-\alpha}})^2} L_t$。

税收水平 T_t 对环境质量的作用效应分为三部分：第一，税收水平 T_t 对环境质量具有直接的影响，会促进环境质量的改善；第二，根据前述分析$\frac{\partial q_{Nt}}{\partial T_t} = t q_{Nt_0} e^{g_{Nt}} \frac{\partial g_{Nt}}{\partial T_t}$，当 $0 < \varphi < 1$ 时，税收水平T_t提升，会通过降低非清洁技术水平q_{Nt}，从而降低非清洁型中间产品生产而减少污染物的排放，进而改善环境质量，当 $\varphi > 1$ 时，情况相反；第三，税收水平T_t通过影响非清洁型中间产品生产过程中L_{Nt}的需求强度影响非清洁型中间产品的产量，进而影响环境质量。第一个作用效应为正，第二个作用效应取决于φ，第三个作用效应取决于替代弹性。当 $\varepsilon > 1$ 即清洁型与非清洁型中间产品呈现相互替代关系时，税收水平T_t的提升能够有效降低非清洁型中间产品生产过程中对L_{Nt}的需求，降低非清洁型中间产品Y_{Nt}的产量，减少污染物的排放，从而促进环境质量的改善。当 $\varepsilon < 1$ 即清洁型中间产品与非清洁型中间产品呈现互补关系时，如果 $\alpha > \varepsilon$，税收水平T_t的提升能够增加非清洁型中间产品生产过程中对L_{Nt}的需求，提高非清洁型中间产品Y_{Nt}的产量，增加污染物的排放，恶化环境质量；如果 $\alpha < \varepsilon$，作用方向不确定，最终作用效应取决于三者的作用强度。

　　将式（2 - 14）、式（2 - 15）代入最终生产函数式（2 - 1）可得：

$$Y_t = \alpha^{\frac{2\alpha}{1-\alpha}} (1 - T_t)^{\frac{\alpha}{1-\alpha}} L_t \left(\frac{d(1 - T_t) + c}{(c + d)^{\frac{\varepsilon-1}{\varepsilon}}} \right)^{\frac{\varepsilon}{\varepsilon-1}} \qquad (2-46)$$

其中，$c = q_{Nt}^{\varepsilon-1} \phi_N^\varepsilon$ 和 $d = q_{ct}^{\varepsilon-1} \phi_c^\varepsilon (1 - T_t)^{\frac{\alpha-\varepsilon}{1-\alpha}}$，令 $A_t = \left(\frac{d(1 - T_t) + c}{(c + d)^{\frac{\varepsilon-1}{\varepsilon}}} \right)^{\frac{\varepsilon}{\varepsilon-1}}$，

则$A_t^{\frac{\varepsilon-1}{\varepsilon}} = \frac{d(1 - T_t) + c}{(c + d)^{\frac{\varepsilon-1}{\varepsilon}}}$，在式子两边对时间 t 求偏导得：

$$\frac{\varepsilon-1}{\varepsilon} A_t^{\frac{-1}{\varepsilon}} \dot{A}_t = \frac{((1 - T_t)\dot{d} + \dot{c})(c + d)^{\frac{\varepsilon-1}{\varepsilon}} - (d(1 - T_t) + c)\frac{\varepsilon-1}{\varepsilon}(c + d)^{\frac{-1}{\varepsilon}}(\dot{d} + \dot{c})}{(c + d)^{2\frac{\varepsilon-1}{\varepsilon}}}$$

$$(2-47)$$

进一步将公式转化为：

$$\frac{\dot{A}_t}{A_t} = \frac{\varepsilon d(1 - T_t) g_{ct} + \varepsilon c g_{Nt}}{d(1 - T_t) + c} - \frac{d(\varepsilon - 1) g_{ct} + (\varepsilon - 1) c g_{Nt}}{d + c}$$

$$(2 - 48)$$

由此可得最终产品 Y_t 的增长率 g_t 为（其中，n 为在就业劳动力增长率）：

$$g_t = n + \frac{\varepsilon d(1 - T_t) g_{ct} + \varepsilon c g_{Nt}}{d(1 - T_t) + c} - \frac{d(\varepsilon - 1) g_{ct} + (\varepsilon - 1) c g_{Nt}}{d + c}$$

$$(2 - 49)$$

令 $W = \dfrac{d}{c} = \dfrac{L_{ct}}{L_{Nt}}$，代表相对清洁劳动力需求程度，其关于研发补贴 u 和污染税收 T_t 的偏导数为：

$$\frac{\partial W}{\partial u} = (\varepsilon - 1) \left(\frac{\phi_c}{\phi_N} \right)^{\varepsilon} \left(\frac{q_{ct}}{q_{Nt}} \right)^{\varepsilon - 2} (1 - T_t)^{\frac{\alpha - \varepsilon}{1 - \alpha}} \frac{\partial a(t)}{\partial u} \quad (2 - 50)$$

$$\frac{\partial W}{\partial T_t} = \left(\frac{\phi_c}{\phi_N} \right)^{\varepsilon} \left[(\varepsilon - 1) \left(\frac{q_{ct}}{q_{Nt}} \right)^{\varepsilon - 2} (1 - T_t)^{\frac{\alpha - \varepsilon}{1 - \alpha}} \frac{\partial a(t)}{\partial T_t} - \frac{\alpha - \varepsilon}{1 - \alpha} \left(\frac{q_{ct}}{q_{Nt}} \right)^{\varepsilon - 1} (1 - T_t)^{\frac{2\alpha - 1 - \varepsilon}{1 - \alpha}} \right]$$

$$(2 - 51)$$

进而可得总体经济增长率 g_t 关于政府研发补贴 u 和污染税收 T_t 的偏导数如下：

$$\frac{\partial g_t}{\partial u} = \frac{\varepsilon(1 - T_t) \frac{\partial g_{ct}}{\partial u} W + \varepsilon(1 - T_t) \frac{\partial W}{\partial u}(g_{ct} - g_{Nt})}{(1 + (1 - T_t) W)^2}$$

$$- \frac{(\varepsilon - 1) \frac{\partial g_{ct}}{\partial u} W + (\varepsilon - 1) \frac{\partial W}{\partial u}(g_{ct} - g_{Nt})}{(1 + W)^2} \quad (2 - 52)$$

$$\frac{\partial g_t}{\partial T_t} = \frac{\varepsilon\left[(1-T_t)W+1\right]\dfrac{\partial g_{Nt}}{\partial T_t} + \varepsilon\left[-W+(1-T_t)\dfrac{\partial W}{\partial T_t}\right](g_{ct}-g_{Nt})}{(1+(1-T_t)W)^2}$$

$$-\frac{(\varepsilon-1)(1+W)\dfrac{\partial g_{Nt}}{\partial T_t} + (\varepsilon-1)\dfrac{\partial W}{\partial T_t}(g_{ct}-g_{Nt})}{(1+W)^2} \qquad (2-53)$$

式（2-52）和式（2-53）分别为政府研发补贴 u 和污染税收T_t对总体经济增长率的影响，由前文分析可知$\dfrac{\partial a(t)}{\partial u}>0$，当$\varepsilon>1$时，清洁型与非清洁型中间产品呈现相互替代关系，$\dfrac{\partial W}{\partial u}>0$。如果$g_{ct}>g_{Nt}$，当$1>\varepsilon T_t$时，政府研发补贴 u 通过提高相对清洁劳动力需求水平和清洁技术进步能力，提升清洁型中间产品的产值，进而推动经济增长，当$1<\varepsilon T_t$时，方向无法确定。当$\varepsilon<1$时，清洁型与非清洁型中间产品呈现互补关系，$\dfrac{\partial W}{\partial u}<0$，政府研发补贴 u 能够提高非清洁劳动力需求水平，如果$g_{ct}<g_{Nt}$，$\dfrac{\partial g_t}{\partial u}>0$，政府研发补贴 u 通过提高非清洁劳动力需求水平和清洁技术进步能力，从而推动经济增长，最终作用效应取决于各方作用强度。对于污染税收T_t对总体经济增长率的影响，由前文分析可知$\dfrac{\partial a(t)}{\partial T_t}>0$，当$\varepsilon<1$，且$\varepsilon<\alpha$时，清洁型与非清洁型中间产品呈现互补关系，$\dfrac{\partial W}{\partial T_t}<0$，污染税收$T_t$能够提高非清洁劳动力需求水平，如果$g_{ct}>g_{Nt}$，则$\dfrac{\partial g_t}{\partial T_t}<0$，污染税收$T_t$对经济增长能力存在抑制作用。当$\varepsilon>1$时，清洁型与非清洁型中间产品呈现相互替代关系，最终作用效应不确定，取决于各方作用强度。从前述表达式可以看出政府研发补贴 u 和污染税收T_t对总体经济增长率的影响取决于替代弹性ε、相对技术进步

水平 $a(t)$、清洁与非清洁技术进步率 g_{ct} 和 g_{Nt}，且随时间不断变化。

针对清洁型中间产品与非清洁型中间产品的最优产量 $Y_{ct} = \alpha^{\frac{2\alpha}{1-\alpha}} L_{ct} q_{ct}$ 和 $Y_{Nt} = \alpha^{\frac{2\alpha}{1-\alpha}} (1 - T_t)^{\frac{\alpha}{1-\alpha}} L_{Nt} q_{Nt}$ 的产值趋势，分别将其对时间 t 求偏导：

$$\frac{\partial Y_{ct}}{\partial t} = \alpha^{\frac{2\alpha}{1-\alpha}} L_t q_{ct} \left(\frac{(\varepsilon - 1) cd(g_{ct} - g_{Nt})}{(c + d)^2} + n\frac{d}{c + d} + g_{ct}\frac{d}{c + d} \right)$$

$$(2 - 54)$$

如果 $g_{ct} > g_{Nt}$，$\frac{\partial Y_{ct}}{\partial t} > 0$，$Y_{ct}$ 随着时间的推移产量逐渐增加；如果 $g_{ct} < g_{Nt}$，当 $\varepsilon < 1$ 时，Y_{ct} 随着时间的推移产量逐渐增加。令 $k_t = \frac{d}{c}$

$\frac{g_{ct}}{g_{ct} - g_{Nt}} + \frac{g_{Nt}}{g_{ct} - g_{Nt}} + n\frac{c + d}{c(g_{ct} - g_{Nt})}$，由于 $g_{ct} < g_{Nt}$，所以 k_t 为时间 t 的增函数，当 $\varepsilon > 1$ 且初始时间 $\varepsilon + k_t > 0$ 时，$\frac{\partial Y_{ct}}{\partial t}$ 一直小于 0，Y_{ct} 产值随时间逐渐下降，当 $\varepsilon > 1$ 且初始时间 $\varepsilon + k_t < 0$ 时，则初始时 $\frac{\partial Y_{ct}}{\partial t}$ 大于 0，Y_{ct} 产值随时间逐渐增加，同时，随着时间的推移 k_t 逐渐增加，当 k_t 增加到 $\varepsilon + k_t > 0$ 时，$\frac{\partial Y_{ct}}{\partial t}$ 由正转负，之后 Y_{ct} 产值随时间逐渐下降，Y_{ct} 产值随时间呈现倒"U"型变化，由式（2 - 40）和式（2 - 41）可知，当研发补贴与污染税收力度加强时，相对清洁技术水平 $a(t)$ 提高，函数 k_t 增速减慢，Y_{ct} 峰值提高，倒"U"型拐点滞后。

$$\frac{\partial Y_{Nt}}{\partial t} = \alpha^{\frac{2\alpha}{1-\alpha}} (1 - T_t)^{\frac{\alpha}{1-\alpha}} L_t q_{Nt} \left(\frac{(\varepsilon - 1) cd(g_{Nt} - g_{ct})}{(c + d)^2} + n\frac{c}{c + d} + g_{Nt}\frac{c}{c + d} \right)$$

$$(2 - 55)$$

如果 $g_{Nt} > g_{ct}$，Y_{Nt} 随着时间的推移产量逐渐增加；如果 $g_{Nt} < g_{ct}$，当 $\varepsilon < 1$ 时，Y_{Nt} 随着时间的推移产量逐渐增加。令 $f_t = \frac{c}{d}\frac{g_{Nt}}{g_{Nt} - g_{ct}} +$

$\dfrac{g_{ct}}{g_{Nt} - g_{ct}} + n \dfrac{c + d}{d(g_{Nt} - g_{ct})}$，由于 $g_{Nt} < g_{ct}$，所以 f_t 为时间 t 的增函数，当 $\varepsilon > 1$ 且初始时间 $\varepsilon + f_t > 0$ 时，$\dfrac{\partial Y_{Nt}}{\partial t}$ 一直小于 0，Y_{Nt} 产值随时间逐渐下降，当 $\varepsilon > 1$ 且初始时间 $\varepsilon + f_t < 0$ 时，则初始时 $\dfrac{\partial Y_{Nt}}{\partial t}$ 大于 0，Y_{Nt} 产值随时间逐渐增加，同时随着时间的推移 f_t 逐渐增大，当 f_t 增大到 $\varepsilon + f_t > 0$ 时，$\dfrac{\partial Y_{Nt}}{\partial t}$ 由正转负，之后 Y_{Nt} 产值随时间逐渐下降，Y_{Nt} 产值随时间呈现倒 "U" 型变化，由式（2-40）和式（2-41）可知，当研发补贴与污染税收力度加强时，相对清洁技术水平 a(t) 提高，函数 f_t 增速减慢，Y_{Nt} 峰值降低，倒 "U" 型拐点提前。

$$\frac{\partial Q_t}{\partial t} = r_1 \rho S_t^{\rho - 1} \alpha^{\frac{2\alpha}{1-\alpha}} (1 - T_t)^{\frac{\alpha}{1-\alpha}}$$

$$L_t q_{Nt} \left(\frac{-r_2 c g_{ct}}{c + d} + \frac{(\varepsilon - 1) cd(g_{Nt} - g_{ct})}{(c + d)^2} + n \frac{c}{c + d} + g_{Nt} \frac{c}{c + d} \right)$$

$$(2-56)$$

令 $G_t = -r_2 \dfrac{(c + d) g_{ct}}{d(g_{Nt} - g_{ct})} + \dfrac{c}{d} \dfrac{g_{Nt}}{g_{Nt} - g_{ct}} + \dfrac{g_{ct}}{g_{Nt} - g_{ct}} + n \dfrac{c + d}{d(g_{Nt} - g_{ct})}$，如果 $g_{ct} > g_{Nt}$，G_t 对时间取极限为 $\dfrac{(1 - r_2) g_{ct}}{g_{Nt} - g_{ct}} + \dfrac{n}{g_{Nt} - g_{ct}}$，当初始时间 $\varepsilon + G_t < 0$ 且 $\varepsilon > -\left[\dfrac{(1 - r_2) g_{ct}}{g_{Nt} - g_{ct}} + \dfrac{n}{g_{Nt} - g_{ct}} \right]$ 时，随着时间的推移，$\dfrac{\partial Q_t}{\partial t}$ 由负转正，环境质量 Q_t 将呈现正 "U" 型变化规律，当初始时间 $\varepsilon + G_t > 0$ 且 $\varepsilon < -\left[\dfrac{(1 - r_2) g_{ct}}{g_{Nt} - g_{ct}} + \dfrac{n}{g_{Nt} - g_{ct}} \right]$ 时，环境质量将持续恶化。如果 $g_{ct} < g_{Nt}$，当初始时间 $\varepsilon + G_t > 0$，且 $-r_2 g_{ct} + g_{Nt} + n < 0$ 时，$\dfrac{\partial Q_t}{\partial t}$ 由负转正，环境质量 Q_t 将呈现正 "U" 型变化规律。当初始时

间 $\varepsilon + G_t > 0$，且 $-r_2 g_{ct} + g_{Nt} + n > 0$ 时，环境将持续恶化。G_t的变化规律取决于初始时刻相对技术水平、在就业人口增长率以及清洁与非清洁技术进步水平。如果环境质量呈现正"U"型变化规律，随着研发补贴与污染税收力度的加强，Q_t峰值提高，正"U"型拐点提前。

第四节　本章小结

本章构建了一个包含清洁与非清洁的两部门生产函数模型，数理演绎政策规制、清洁技术创新与环境质量及经济增长之间的动态关系。数理模型演绎结果显示，清洁型中间产品与非清洁型中间产品的生产数量取决于内生技术进步水平，清洁技术水平和非清洁技术水平会对环境质量产生直接影响；政府补贴与污染税收通过调整技术进步方向和部门劳动需求影响部门产品产量，进而改善环境质量。在研发产出弹性 $0 < \varphi < 1$ 时，政府补贴强度 u 和税收水平 T_t 能有效促进相对清洁技术进步水平，$\varphi > 1$ 时，会降低清洁技术创新水平。其作用强度不仅取决于政府补贴强度 u 和税收水平 T_t 的自身水平，研发产出弹性 φ、研发效率 λ 以及技术改进强度 β 皆能影响清洁技术水平，同时政策效果的延续性 t 也是两类政策对清洁技术进步水平的重要影响因素。

第三章

环境政策作用效果的数值模拟

第一节　参数校准

为使上述结论的描述更加直观明晰，接下来本章将采用数值模拟的方法给出模型在参数不同设定下各个变量的动态演化过程。

本节中间产品分为清洁型中间产品 Y_{ct} 与非清洁型中间产品 Y_{Nt}，引申到生产领域，清洁型中间产品与非清洁型中间产品的划分并不十分明确，而所有最终产品的生产皆离不开能源的使用，因此本书在数值模拟过程中采用 2003~2014 年的能源生产数据和就业劳动力数据进行估计，其中，根据国家统计局披露的能源分类，本书认定天然气、原油与煤炭为非清洁型能源，核能、风能、水能及再生能源为清洁型能源，劳动力数据采用全国就业人口数据。依据白重恩（2009）、阿西莫格鲁（Acemoglu，2012）及董直庆（2014）等的研究，本书取劳动的份额为 2/3，$\alpha = 1/3$。阿西莫格鲁（Acemoglu，2012）将化石能源与非化石能源之间的替代弹性设定为 3，本书参考其设定将清洁能源与非清洁能源之间的替代弹性 ε 设定为 3，同时设定 $\phi_c = \phi_N = 0.5$。将式（2–31）、式（2–32）分别代入式（2–14）、式（2–15），构建方程组，依据就业劳动数据及能源消费数据分别计算清洁技术水平 q_{ct} 和非清洁技术水平 q_{Nt}。

由表 3.1 中数据计算结果显示，非清洁技术增长率和清洁技术增长率整体呈现下降趋势，下降结果较为明显，但清洁技术增长率上升下降波动频繁，结果较不稳定。从表 3.1 的总体结果来看，2010 年以前非清洁技术相对于 2010 年之后其技术进步率增长速度较快，原因在于 2010 年之后中国面临越来越艰巨的环境压力，以环境恶化为代价得不偿失，中国开始有针对性地减少化石能源的使用，非清洁化石能源的生产和使用技术发展得以弱化。然而在中国大规模使用清洁能源尚无法实现，面临经济增长与环境恶化压力的中国政府对非清洁化石能源的使用既爱又恨，但无可置疑的是非清洁化石能源在未来中国的使用强度将放缓，由此就清洁能源技术与非清洁能源技术增长率，本书取 2011～2014 年的平均增长率分别进行代替，即分别取非清洁技术增长率和清洁技术增长率为 0.0355 和 0.06。

表 3.1　　　　　　　2003～2014 年中国技术进步路径特征

年份	Y_{Nt} 占比 (%)	Y_{Nt}	q_{Nt}	g_{Nt}	Y_{ct} 占比 (%)	Y_{ct}	q_{ct}	g_{ct}	总能源（百万吨标准煤）	$a(t)$
2003	91.9	1638.57	8.07		8.1	144.42	3.59		1782.99	0.445
2004	91.6	1887.95	9.27	0.130	8.4	173.13	4.18	0.150	2061.08	0.451
2005	91.6	2097.98	10.25	0.106	8.4	192.39	4.62	0.106	2290.37	0.451
2006	91.5	2239.58	10.91	0.064	8.5	208.05	4.94	0.076	2447.63	0.453
2007	91.4	2414.54	11.72	0.074	8.6	227.19	5.33	0.081	2641.73	0.455
2008	90.5	2510.64	12.31	0.049	9.5	263.55	5.80	0.130	2774.19	0.471
2009	90.2	2580.55	12.66	0.028	9.8	280.37	6.04	0.052	2860.92	0.477
2010	89.6	2796.64	13.78	0.088	10.4	324.61	6.72	0.135	3121.25	0.488
2011	90.4	3075.21	14.93	0.083	9.6	326.57	7.07	0.052	3401.78	0.474
2012	88.8	3117.24	15.41	0.032	11.2	393.17	7.73	0.093	3510.41	0.502
2013	88.2	3164.47	15.72	0.020	11.8	423.37	8.04	0.040	3587.84	0.511
2014	86.7	3137.38	15.83	0.007	13.3	481.28	8.48	0.055	3618.66	0.536

资料来源：能源与就业劳动人口数据来自《中国统计年鉴》。

对于在就业劳动力增长率，根据 2003～2014 年就业劳动力人口数据求得历年在就业人口增长率，历年在就业人口增长率平均值为 0.00375。然而进一步观察发现，同样 2011 年之后中国国内在就业人口增长率出现持续下滑现象，为此依据技术进步率的设定，本书取 2011 ~ 2014 年平均就业人口增长率 0.00375 为就业劳动力增长率，并进一步假设以后历年就业劳动力增长率维持不变。由于清洁技术进步程度明显优于非清洁技术进步程度，因此，本书设定清洁技术研发效率 $\lambda_c = 1.4$，$\lambda_N = 1$，同时设定机器质量改进程度 $\beta_c = \beta_N$，根据式（2-21）和式（2-23），计算研发产出弹性 $\varphi = 0.36$。针对非清洁型中间产品的排放物，本书以二氧化碳年排放量为衡量依据，根据统计，1 吨标准煤约排放二氧化碳 2.62 吨，由此本书设定非清洁能源碳排放参数 $r_1 = 2.62$，进一步设定参数 $r_2 = 0.2$。此外，本书设定环境自我恢复能力参数 $\delta = 0.05$，污染排放与环境质量之间转换参数 $\rho = -0.2$，参数值 δ 和 ρ 的设定不影响后文数值模拟结果，此外，本书所有参数的求值皆在政府补贴强度 $u = 1$ 和税收水平 $T_t = 0$ 的情况下获得。基准参数设定如表 3.2 所示。

表 3.2　　　　　　　　　　基准参数设定

$\alpha = 1/3$	$\varepsilon = 3$	$\varphi = 0.36$	$\delta = 0.05$	$\rho = -0.2$	$r_1 = 2.62$
$r_2 = 0.2$	$\lambda_c = 1.4$	$\lambda_N = 1$	$\psi_N = 0.5$	$\psi_c = 0.5$	$n = 0.00375$

针对相对技术水平，表 3.1 数据显示，2011 ~ 2014 年的四年时间相对技术水平由 0.474 上升到 0.536，相较于 2011 年以前进步速度明显加快，表明 2011 年之后，中国加大了技术发展方向的转换速度，清洁技术水平发展迅猛，尤其是 2003 ~ 2010 年清洁技术进步率年均增长基本保持在 10% 以上，2010 ~ 2014 年清洁技术进步率有所下降，清洁技术作为一种后发技术，来源于资源压力与环境压力的双重作用，与非清洁技术相比还存在一定距离。

第二节　环境政策对清洁技术创新的影响模拟

假定技术进步按照前文设定的速率增长，模拟不同程度政策干预下经济与环境的演化过程，基期即 t = 0 时采用 2014 年的真实数

据。主要模拟过程包括：不同程度政策干预下相对技术进步水平
$a(t)$、非清洁就业劳动力比值L_{Nt}/L_t、非清洁型中间产品产值Y_{Nt}、环
境质量Q_t以及总体经济增长率g_t的演化过程，其中以下讨论中初始设
置为政府补贴强度 $u=1$ 和税收水平$T_t=0$ 的情况下的演化过程。

　　图3.1 显示，当$T_t=0$ 时，u 由1 分别变化为1.2 和1.5 时，相对
清洁技术进步水平 $a(t)$ 的演化过程。初始设置下，清洁技术大约在
25 年左右反超非清洁技术（$a(t)=1$），随着补贴强度的提高，清洁
技术反超非清洁技术的时间逐渐缩短。当$u=1.5$ 时，清洁技术反超
非清洁技术的时间缩短至 14 年左右。在清洁技术反超之前增速相对
较缓，实现技术反超之后增速明显加快，可能会迅速替代非清洁技
术。图3.2 显示，当$u=1$ 时，T_t由0 分别变化为0.1 和0.2 时，相对
清洁技术进步水平$a(t)$的演化过程。其演化结果与图3.1 显示大体趋
势相同。图3.3 模拟u 和T_t同时变动下 $a(t)$ 的演化过程，对比初始设
置与 $u=1.2$、$T_t=0.1$ 的情况，清洁技术反超非清洁技术的时间大约
为 17 年，其结果与图3.1 和图3.2 的结果类似。图3.1～图3.3 模拟
结果共同显示，政府补贴强度u 和税收水平T_t对相对清洁技术进步水
平 $a(t)$存在明显的促进作用，随着政府补贴强度u 和税收水平T_t强度
的提高，清洁技术反超非清洁技术的时间提前。

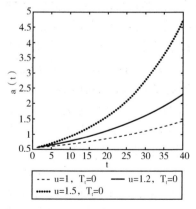

图3.1　u 变动下 a(t)演化过程

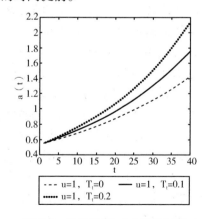

图3.2　T_t变动下 a(t)演化过程

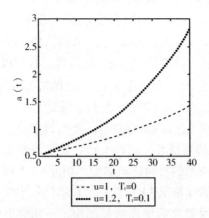

图 3.3　联合变动下 a(t) 演化过程

以下考察政府补贴强度 u 和税收水平T_t对非清洁部门劳动力就业比值L_{Nt}/L_t的影响，结果如图 3.4 ~ 图 3.6 所示。图 3.4 显示，当$T_t = 0$，u 由 1 分别变化为 1.2 和 1.5 时，非清洁就业劳动力比值L_{Nt}/L_t的演化过程，初始设置下，非清洁就业劳动力L_{Nt}占比缓慢下降，大约在 24 年左右清洁部门劳动力就业L_{ct}超越非清洁部门劳动力就业$L_{Nt}\left(\dfrac{L_{Nt}}{L_t} = 0.5\right)$，随后非清洁部门劳动力持续下降，即转移到清洁部门。随着补贴强度 u 的提高，劳动力转移的时间逐渐缩短，u = 1.5 时，清洁部门劳动力L_{ct}超越非清洁部门劳动力L_{Nt}的时间缩短至 15 年左右。图 3.5 显示，当 u = 1，T_t由 0 分别变化为 0.1 和 0.2 时，非清洁部门劳动力比值L_{Nt}/L_t的演化过程，其演化结果与图 3.4 显示的大体趋势相同，随着税收水平的提高，清洁部门劳动力L_{ct}超越非清洁部门劳动力时间更快，表明征税力度越大其作用效果越强，对比 u = 1.5 和$T_t = 0.2$时的政策效果，表明对于非清洁部门劳动力就业比值L_{Nt}/L_t，税收强度为 0.2 的干预效果优于研发补贴为 1.5 时的干预效果。图 3.6 是对比初始设置与政府补贴和征税共同作用效果，发现随着政府补贴强度 u 和税收水平T_t强度的提高，非清洁部门劳动力就业比值

L_{Nt}/L_t加速下降。图3.4~图3.6的模拟结果共同显示，政府补贴强度 u 和税收水平T_t对清洁型部门劳动力就业L_{ct}超越非清洁型部门劳动力就业L_{Nt}具有明显的促进作用，随着政府补贴强度 u 和税收水平T_t强度的提高，劳动力在部门间转移速度加快，更有助于促进产业结构转型和升级。

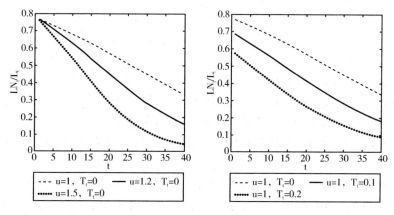

图3.4 u 变动下L_{Nt}/L_t演化过程　　**图3.5 T_t变动下L_{Nt}/L_t演化过程**

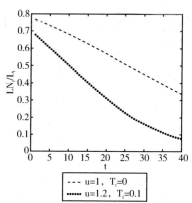

图3.6 联合变动下 L_{Nt}/L_t演化过程

第三节　环境政策对环境质量和经济增长的影响模拟

由于环境质量与非清洁型中间产品产值Y_{Nt}直接相关，因此将非清洁型中间产品产值Y_{Nt}与环境质量Q_t的模拟一并分析。图3.7显示，当$T_t=0$，u由1分别变化为1.2和1.5时，非清洁型中间产品产值Y_{Nt}的演化过程。在初始设置下，非清洁型中间产品Y_{Nt}的产值逐渐增加。随着补贴强度u的提高，Y_{Nt}产值逐渐增加，达到峰值之后开始下降，当u=1.5时，Y_{Nt}产值反转的时间缩短至15年左右。图3.8显示，当u=1，T_t由0分别变化为0.1和0.2时，非清洁型中间产品产值Y_{Nt}的演化过程，其演化结果与图3.7显示大体趋势相同，但Y_{Nt}产值出现转折的时间较快，且Y_{Nt}上升趋势较弱，表明相对于研发补贴，税收更能有效降低非清洁型中间产品Y_{Nt}的产值。图3.9模拟了u和T_t同时变动情况下Y_{Nt}的演化过程，将u=1.2和$T_t=0.1$的情况与初始设置的演化结果对比，两种政策共同作用下，政府补贴u和污染税政策T_t能够明显缩短非清洁部门产值Y_{Nt}上升期，使其快速出现转折。

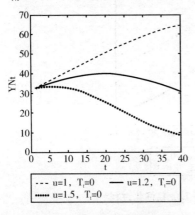

图3.7　u变动下Y_{Nt}演化过程

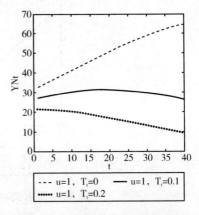

图3.8　T_t变动下Y_{Nt}演化过程

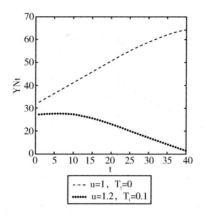

图3.9　联合变动下Y_{Nt}演化过程

由于中国长期以来的能源消费结构中非清洁化石能源的占比过高，清洁型能源的开发程度较低且开发能力较弱，导致在未来一定时间内非清洁型能源的使用虽然增速下滑但仍占能源消耗的较大份额，因此一段时间内我国仍将面对环境质量下降的压力。图3.10显示，当$T_t=0$，u由1分别变化为1.2和1.5时，环境质量Q_t的演化过程。在初始设置下，环境质量Q_t在模拟期内持续下降。随着补贴强度u的提高，环境质量Q_t先下降后上升，当u=1.5时，Y_{Nt}产值反转的时间缩短至25年左右。图3.11显示，当u=1，T_t由0分别变化为0.1和0.2时，环境质量Q_t的演化过程，其演化结果与图3.10显示的大体趋势相同，但相对于图3.7研发补贴的作用效果，当税收水平T_t为0.2时，环境质量Q_t的下降趋势减慢，拐点提前，表明税收强度为0.2的干预效果优于研发补贴为1.5时的干预效果。图3.12是u和T_t同时变动情况下环境质量的模拟结果，随着政府补贴强度u和税收水平T_t强度的提高，环境质量Q_t出现转折的时间较初始设置和单一政策作用提前，表明两种政策搭配使用更具效力。表3.3为不同程度政府补贴强度u和税收水平T_t下环境质量每隔5年的变动数据统计结果。

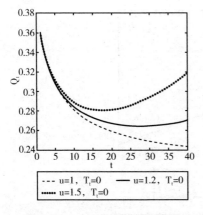

图 3.10　u 变动下 Q_t 演化过程

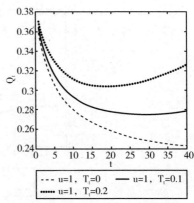

图 3.11　T_t 变动下 Q_t 演化过程

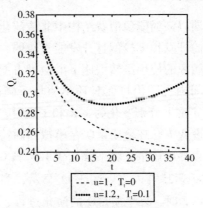

图 3.12　联合变动下 Q_t 演化过程

表 3.3　　　　　　　　　不同政策强度下环境质量变化

时间 （年）	$u=1$, $T=0$	$u=1.2$, $T=0$	$u=1.5$, $T=0$	$u=1$, $T=0.1$	$u=1$, $T=0.2$	$u=1.2$, $T=0.1$
1	0.368122	0.368122	0.368122	0.372353	0.377540	0.372353
5	0.314551	0.315046	0.315738	0.323526	0.335511	0.324129
10	0.286686	0.288060	0.290030	0.297834	0.313077	0.299548
15	0.271335	0.273814	0.277444	0.284313	0.302122	0.287416

时间 （年）	u = 1, T = 0	u = 1.2, T = 0	u = 1.5, T = 0	u = 1, T = 0.1	u = 1, T = 0.2	u = 1.2, T = 0.1
20	0.261458	0.265295	0.271005	0.276361	0.296723	0.281140
25	0.254671	0.260142	0.268363	0.271670	0.294707	0.278418
30	0.249911	0.257302	0.268445	0.269191	0.295044	0.278189
35	0.246629	0.256219	0.270655	0.268358	0.297169	0.279870
40	0.244503	0.256559	0.274615	0.268834	0.300736	0.283106
45	0.243330	0.258101	0.280065	0.270398	0.305518	0.287657
50	0.242972	0.260684	0.286819	0.272893	0.311358	0.293357

图 3.7 ~ 图 3.12 及表 3.3 共同表明，当前生产形势仅依靠市场作用很难实现非清洁生产向清洁生产的转型，较长时间内中国国内生产仍将依赖非清洁能源，环境质量令人担忧，需要有力的研发补贴和污染税收政策加速推动其发展，缓解环境污染与资源紧张的双重压力。

接下来，考察政府补贴 u 和税收水平T_t对总体经济增长率g_t的影响，结果如图 3.13 ~ 图 3.15 所示。图 3.13 显示，当 $T_t = 0$，u 由 1 分别变化为 1.2 和 1.5 时，经济增长率g_t的演化过程。在初始设置下，经济增长率g_t逐渐提高，但上升速度颇慢，结合表 3.4 的结果可知，模拟期内总体经济增长率为 0.056372，将近 15 年的时间经济增长率维持在 0.05 以下。随着补贴强度 u 的提高，总体经济增长率g_t上升明显，当 u = 1.5 时，总体经济增长率g_t在模拟期内均值达到 0.071961，提升效果显著。图 3.14 结果显示，当 u = 1，T_t由 0 分别变化为 0.1 和 0.2 时，总体经济增长率g_t的演化过程。随着税收水平T_t的提高，总体经济增长率g_t在初期将近 20 年的时间内维持相较于初始设置下更低的增长水平，这有别于补贴政策。可能的原因在于补贴政策是政府为激励清洁技术创新无偿资助，而税收则表现为对非清洁生产利润的攫取。粗放式的经济发展导致了环境恶化，使政府不得不考虑抑制非清洁资源消耗。由于中国在未来很长一段时间内非清洁生产仍占国民生产的主要份额，税收水平的提升将不断蚕食非清洁生产利润，给经济增长带来直接损失，直至清洁生产在经济生产过程中占据主体地位。另外，本书也模拟了 u 和T_t同时变动情况下g_t的演化过程，如图 3.15 所示。将 u = 1.2 和T_t = 0.1 的模拟结果与初始设置对比，发现补贴政策与税收政策同时进行时，经济增长在前两年有小幅度的下滑，但随后便迅速反弹，模拟期内平均经济增长率为0.063215，且在第 10 年经济增长率就超越 0.05。

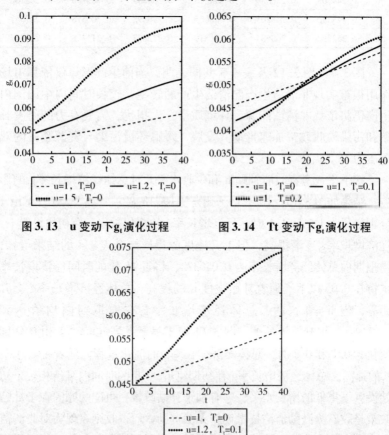

图 3.13 u 变动下g_t演化过程   图 3.14 Tt 变动下g_t演化过程

图 3.15 联合变动下g_t演化过程

表 3.4 不同政策强度下经济增长率

时间	u = 1, T = 0	u = 1.2, T = 0	u = 1.5, T = 0	u = 1, T = 0.1	u = 1, T = 0.2	u = 1.2, T = 0.1
1	0.046827	0.048514	0.050860	0.044898	0.043047	0.046709
5	0.047817	0.050124	0.053590	0.046231	0.044885	0.048776
10	0.049183	0.052390	0.057513	0.048072	0.047414	0.051677
15	0.050672	0.054872	0.061784	0.050063	0.050085	0.054805
20	0.052248	0.057466	0.066081	0.052133	0.052753	0.057980
25	0.053869	0.060049	0.070071	0.054201	0.055280	0.061011
30	0.055486	0.062499	0.073511	0.056185	0.057559	0.063742
35	0.057049	0.064719	0.076291	0.058017	0.059528	0.066079
40	0.058517	0.066647	0.078424	0.059651	0.061169	0.067992
45	0.059857	0.068262	0.079995	0.061064	0.062496	0.069503
50	0.061051	0.069575	0.081119	0.062254	0.063544	0.070664
55	0.062090	0.070615	0.081905	0.063233	0.064358	0.071536
60	0.062977	0.071423	0.082446	0.064025	0.064980	0.072180
65	0.063721	0.072041	0.082816	0.064656	0.065450	0.072651
70	0.064223	0.072426	0.083023	0.065063	0.065741	0.072933
均值	0.056372	0.062774	0.071961	0.056649	0.057219	0.063215

综上所述，相比研发补贴政策的实行，采用征收污染税收的方式能够更快速地实现非清洁生产向清洁生产的产业结构转型，能够更快速有效地降低非清洁型产品的产值，改善环境质量，但由于中国在未来很长一段时间内非清洁生产仍将占据国民生产的主要份额，税收水平的提升将不断蚕食非清洁生产产值，给经济增长带来长时间的直接损失，同时，过高强度的清洁技术研发补贴显然也不合实际。因此权衡环境改善与经济增长的得失，政府补贴与污染税收同时实行能够更加有效地在改善环境质量的同时，给经济增长带来最小的负向影响。

第四节　本章小结

2010 年之后，中国部分地区开始出现大规模的环境污染问题，而且环境污染程度逐步加强，给人民带来了巨大的生活成本与健康成本，引发全社会对环境污染问题的广泛关注。

数值模拟结果表明：（1）初始参数设定下，相对清洁技术进步水平 $a(t)$ 发展较慢，清洁技术水平需要长达 25 年的时间反超非清洁技术水平，同样非清洁就业型劳动力 L_{Nt} 也将在长时间内保持绝对优势，非清洁型中间产品产值 Y_{Nt} 长期居高不下，环境质量不断恶化，环境恶化带来的社会压力使政府不得不考虑转换经济发展思路，抑制过度资源消耗，经济增长速度长时间维持低速，中国将进入长时间以经济换环境的发展阶段。（2）政府补贴 u 和税收水平 T_t 能够有效改变技术发展方向，加速推动清洁劳动力型就业 L_{ct} 反超非清洁劳动力型就业 L_{Nt}，加速生产转型。（3）随着政府补贴 u 和税收水平 T_t 力度的增强，非清洁型中间产品产值倒 "U" 型拐点与环境质量正 "U" 型拐点皆提前，清洁生产加速取代非清洁生产，环境质量改善加速。（4）政府补贴 u 和税收水平 T_t 对总体经济增长率 g_t 表现出不同的效果，相对于政府补贴 u 的作用，随着税收水平 T_t 的提高，总体经济增长率 g_t 在初期将近 20 年的时间内维持相对初始设置下更低的增长水平，研发补贴与污染税收的结合能在最大限度地改善环境的同时，对经济增长带来最小的负向效应。

第四章

环境规制政策对清洁技术创新的非线性作用效应

关于环境规制政策对清洁技术创新的作用方向和作用大小至今尚无定论，一些学者（Selden T，Song D，1995；张成等，2011；沈能，2012）从理论和实证角度验证指出环境规制强度与技术创新之间的非线性关系。当变量之间存在非线性关系时，普通线性回归将是有偏的，门槛回归分析相对而言将能更准确地拟合数据。

第一节 模型设定、变量设计

为了证实环境规制的技术创新方向效应，本书借鉴库兹涅茨对经济增长和环境污染关联性二次曲线特征假定，引入环境规制的一次项及平方项。由于清洁技术创新并非仅限于环境规制的作用结果，还受经济发展水平、外商直接投资和所有制结构的影响。

为此，将模型设定如下：

$$CI_{it} = c + \beta_1 ER_{it} + \beta_2 ER_{it}^2 + \beta_3 RDJF_{it} + \beta_4 LnED_{it} + \beta_5 OS_{it}$$
$$+ \beta_6 FDI_{it} + \beta_7 RDRS_{it} + \varepsilon_{it} \tag{4-1}$$

其中，CI_{it} 表示第 i 个省份在 t 年的清洁技术创新水平；ER_{it}、$LnED_{it}$、$RDJF_{it}$、OS_{it}、FDI_{it} 以及 $RDRS_{it}$ 依次表示第 i 个省份在 t 年的环境规制强度、经济发展水平、RD 研发经费、所有制结构、外商直接投资以及 RD 人员数量，c 是不随个体变化的截距，β 为待估参数，ε_{it}为随机误差项。被解释变量清洁技术创新CI_{it}以清洁技术发明专利申请数量来表征，本书根据世界知识产权组织（WIPO）提供的清洁专利清单（http：//www. wipo. int/classifications/ipc/en/est/）中列示的清洁专利国际专利分类（IPC）编码，通过设置专利类型、IPC分类编码及发明单位（个人）地址，再从中国知网专利数据库搜索获取（王班班，2017），统计出不同时期中国30个省市的清洁专利数据。

1. 环境规制 ER。一般地，环境规制方式的分类主要有三类：第一类是命令—控制式环境规制，由政府规定哪些行为必须禁止或被限制，表现为技术准入标准和政府行政审批管制；第二类是经济方式型环境规制，即将环境外部成本内部化，如征收环境污染税或排污费等；第三类是产权方式的环境规制，明确产权边界让环境具有私人产权性质，通过价格发现机制进行配置实现市场配置，从而降低整体污染排放行为（金碚，2009）。其中，第二类方式体现了谁污染谁治理与谁消耗谁承担的效率和责任原则，避免了命令型环境规制所产生的管制机构的利益问题，能够减少政府制定命令所付出的行政成本和信息搜集成本，并比第三类产权交易方式的环境规制更易于实施。为此，本书主要针对第二类经济方式的环境规制考察为主，强调以市场为导向利用排污费征收、环境税及补贴等经济手段，来规范排污者的行为，进而实现将污染外部成本内部化，鼓励企业清洁技术创新。目前，中国普遍采用的经济方式环境规制工具主要有收费政策和财政投入政策，由于本书旨在考察政策规制如何激发企业进行清洁技术创新，考虑到地区经济规模的差异，因此，本书选取地方政府环境污染治理投资占 GDP 的比重来衡量，体现了谁污染谁治理、谁消耗谁承担的效率和责任原则，强调以市场为导向利用排污费征收、环境税及补贴等经济手段，来规范排污者的行为，进而实现将污染外部成本内部化，鼓励企业清洁技术创新，该比重越大表明环境规制强度越高。此外，政府排污费收入可以有效衡量企业的治污成本支出，该比重越大表明环境规制强度越高。

2. 控制变量测度。经济发展水平 ED 采用各地区人均国内生产总值衡量，并利用地区人均 GDP 指数进行平减，得到以 2003 年为基期的人均实际地区生产总值；外商直接投资 FDI 以外商直接投资额来衡量（李斌，2013）；所有制结构 OS 则选择规模以上工业企业资产中国有及国有控股工业资产所占的比重表示；研发资本 RD-JF 选取各地区研究与开发机构 R&D 经费支出表征，考虑到各地区经济规模差异和数据的可比性，通过各地区消费价格指数（CPI）消除物价影响并进行对数变换；人力资本 RDRS 选择各地区 R&D 人员作为人力资本投入的衡量指标，为了减小数据的波动，将取相应数据的对数。由于西藏数据不全，在此选取 2003～2015 年西藏外的 30 个省（区、市）面板数据进行分析，数据来源于历年《中国工业企业数据库》《中国统计年鉴》《中国环境统计年鉴》《中国科技统计年鉴》等数据库。

第二节 环境规制政策对清洁技术创新影响的实证检验

为了考察环境规制强度并非越高越有利于清洁技术研发，首先通过环境规制变量 ER 考察环境规制强度对清洁技术创新水平的影响（当期效应），考虑到环境规制对企业生产技术进步的影响可能存在一定时滞，引入一期滞后回归模型（滞后一期）。本书所采用的面板数据时间跨度较短且时间维度远小于横截面维度，单位根过程的影响很小，因而基本可以不用考虑时间序列数据的平稳性问题。通常对于短面板数据由于每个个体信息量有限，一般假定随机扰动项满足独立同分布且不存在自相关。同时，本书选择面板数据模型时，通过 Hausman 检验判定模型满足个体固定效应模型还是个体随机效应模型，表 4.1 给出了模型 Hausman 检验结果和回归结果。

表 4. 1　　　环境规制对中国清洁技术创新方向转变的检验结果

变量	当期效应		滞后一期	
	（1）固定效应	（2）随机效应	（3）固定效应	（4）随机效应
ER	−0. 3227 ** （0. 1299）	−0. 2729 ** （0. 1313）		
ER^2	0. 0705 ** （0. 0285）	0. 0569 * （0. 0315）		
L. ER			0. 0122 （0. 2400）	0. 0397 （0. 2286）
L. ER^2			−0. 0166 （0. 0648）	−0. 0230 （0. 0612）
RDRS	0. 4158 （0. 2867）	0. 1858 （0. 1752）	0. 1093 （0. 3067）	0. 0163 （0. 2134）
RDJF	0. 3608 ** （0. 1378）	0. 4624 *** （0. 1274）	0. 5462 ** （0. 1745）	0. 6249 *** （0. 1644）
FDI	0. 2671 ** （0. 1177）	0. 1770 * （0. 0979）	0. 2036 （0. 1280）	0. 1284 （0. 1119）
lnED	1. 4920 *** （0. 2077）	1. 3805 *** （0. 1573）	1. 5721 *** （0. 2326）	1. 3762 *** （0. 1756）
OS	0. 2987 （0. 7971）	−0. 6847 （0. 5569）	−0. 0178 （0. 9205）	−1. 0956 * （0. 5915）
cons	−21. 6992 *** （1. 8657）	−17. 9283 *** （1. 4452）	−21. 2611 *** （1. 9717）	−17. 6819 *** （1. 5758）
Hausman		56. 1520 ***		51. 0010 ***
N	270	270	240	240
R^2	0. 889		0. 873	
E – 拐点	2. 2887	2. 3980		

注：括号内为稳健标准误，***、**、* 分别表示在 1%、5%、10% 的水平下显著；拐点值单位为%。

Hausman 检验结果支持四个模型均采用个体固定效应模型，从表 4.1 中的回归结果来看，模型（1）中环境规制变量 ER 的一次项系数和二次项系数分别为负号和正号，且在 5% 的水平上显著，验证中国清洁技术创新与环境规制之间呈现非线性的 "U" 型关系，即清洁技术创新水平先随环境规制强度的增加而降低，而当环境规制强度超过拐点后，环境规制越强则清洁技术创新水平越高，其拐点约在 2.2887%，即对企业征收排污费收入占 GDP 比值为 2.2887% 时，将激励企业从传统普通型技术转向清洁技术创新领域。不过，应该看到，当前全国平均环境规制强度为 1.4013，远低于拐点水平，意味着当前实施过强的环境规制可能产生反向效果。滞后一期模型中，虽然 ER 的一次项系数和二次项系数也分别为负号和正号，但在统计意义上并不显著，表明企业清洁技术创新对政府环境规制的反应可能不存在一期滞后效应，表明规制效果更多反映在当期中。

经济发展水平 lnED 对清洁技术创新正向作用显著，暗示地区人均收入水平越高且经济增长越快，企业和居民环保意识越强，越易于促进清洁技术创新。OS 和清洁技术创新水平的回归结果皆不相关，说明国有及国有控股企业并未更多地进行清洁技术研发。外商直接投资 FDI 对清洁技术创新的影响显著为正，说明中国通过引进外资的同时也吸收到外国的先进技术，外商直接投资对环境质量具有一定的提升作用。研发人员 RDRS 以及研发经费支出 RDJF 对于中国清洁技术创新水平具有显著正向作用，这说明技术创新作为国家软实力产品的代表，需要具有创造力的生产要素。

由于不同地区经济发展水平、环境质量与环境规制政策存在差异，进一步将 30 个省区市分为东部、中部和西部三大经济地区，考察区域环境规制对清洁技术水平的影响差异，其中，东部地区包括北京市、天津市、河北省、辽宁省、上海市、江苏省、浙江省、福建省、山东省、广东省、广西壮族自治区、海南省 12 个省（区、市）；中部地区包括山西省、内蒙古自治区、吉林省、黑龙江省、安徽省、江西省、河南省、湖北省、湖南省9个省（区）；西部地区包括重庆市、四川省、贵州省、云南省、陕西省、甘肃省、青海省、宁夏回族自治区、新疆维吾尔自治区9个省（区、市）。回归结果如表4.2所示。

表4.2　　环境规制对清洁技术创新影响的分地区回归结果

变量	东部地区		中部地区		西部地区	
	固定效应	随机效应	固定效应	随机效应	固定效应	随机效应
ER	-0.5882* (0.3055)	-0.5714 (0.4134)	-0.0811 (0.1748)	-0.0739 (0.1362)	-0.3998** (0.1605)	-0.4114** (0.1764)
ER^2	0.1640* (0.0850)	0.1677 (0.1208)	0.0346 (0.0436)	0.0282 (0.0319)	0.0842** (0.0299)	0.0858** (0.0340)
RDRS	0.7491* (0.3864)	0.4067* (0.2315)	0.0476 (0.5513)	0.1690 (0.4287)	-0.2074 (0.7678)	-0.1444 (0.4479)
RDJF	-0.1178 (0.1663)	0.1618 (0.1806)	0.3948** (0.1203)	0.4550*** (0.0824)	0.7568 (0.4235)	0.7041* (0.3640)
FDI	0.3127** (0.0960)	0.1330 (0.1100)	0.9493** (0.2109)	0.9328*** (0.1979)	0.1619 (0.1090)	0.2416 (0.1573)
lnED	2.0450*** (0.3487)	1.7232*** (0.3545)	0.6251** (0.2052)	0.5663*** (0.1510)	1.4946** (0.3029)	1.3923*** (0.1749)
OS	-0.5202 (1.7521)	-2.3440** (0.9540)	-1.1870 (0.8699)	-1.0436 (0.7845)	1.4788 (1.9322)	1.0299 (1.6476)
cons	-25.1247*** (2.3484)	-18.4651*** (2.9851)	-19.6670** (4.7852)	-20.6692*** (3.8278)	-20.0833*** (3.1817)	-19.7662*** (2.2909)
Hausman		536.0230***		215.819***		1806.926***
N	108	108	81	81	81	81
R-sq	0.909		0.917		0.896	
E-拐点	1.7933				2.3741	2.3974

注：括号内为稳健标准误，***、**、*分别表示在1%、5%、10%的水平下显著。拐点值单位为%。

东、西部地区环境规制强度与清洁技术存在显著"U"型关系，从 ER 的一次项和二次项系数值可以看出，西部地区"U"型曲线更加陡峭，即同等环境规制强度对西部地区清洁技术进步的影响更大。原因可能在于，东部作为中国经济高发展地区，地区收入水平较高，环境保护意识更强，污染事件较少。另外，东部地区环境规制拐点值（1.7933%）和西部地区环境拐点值（2.3741%）相对于全国水平（2.2887%）来得更早，且东部地区也早于西部地区。同时，从数据中不难发现，2015 年东、西部地区环境规制强度分别为 1.2558% 和 1.5807%，距离拐点还有很大距离。中部地区环境规制 ER 和 ER^2 系数符号分别表现为负向和正向，但皆并未通过显著性检验，说明中部地区清洁技术进步并未随着环境规制的增强呈现先下降后上升的"U"型变化趋势，一次项系数显著为负意味着环境规制对西部地区清洁技术进步存在明显的抑制作用，这可能源于相对落后的经济发展水平和较低的环境效率，低收入生活水平决定了人们对环境质量需求较低，即使实施严格的环境规制也难以激励企业进行清洁技术创新。可以看出，在东部、中部和西部地区，经济发展水平 lnED 仍是影响清洁技术创新的重要因素。所有制结构 OS 对东部、中部和西部地区的清洁技术创新皆不存在显著影响，同表 4.1 全国层面中回归结果一致。外商直接投资 FDI 和 RDRS 对全国以及东、中、西部地区清洁技术创新正相关。

第三节　环境规制政策对清洁技术创新的门槛效应检验

那么，为什么不同地区环境规制转变技术创新方向会存在差异呢？研究发现，这种差异性可能和区域经济环境有关，只有越过一定的经济发展阶段，环境规制才可能发挥清洁技术创新转变效果，也就是环境规制对清洁技术创新的作用存在"门槛"效应。利用汉森（Hansen）的面板门槛模型引入交互项来验证中国环境规制对清洁技术创新是否存在陷阱。

$$
\begin{aligned}
CI_{it} = {}& \alpha_i + \varphi_1 ER_{it} * I(LnED_{it} < \phi_1) + \varphi_2 ER_{it} * I(\phi_1 < LnED_{it} < \phi_2) \\
& + \varphi_3 ER_{it} * I(\phi_2 < LnED_{it} < \phi_3) + \varphi_4 ER_{it} * I(\phi_3 < LnED_{it} < \phi_4) \\
& + \varphi_5 RDJF_{it} + \varphi_6 LnED_{it} + \varphi_7 OS_{it} + \varphi_8 FDI_{it} + \varphi_9 RDRS_{it} + u_{it}
\end{aligned}
$$

$$(2-13)$$

其中，经济发展水平$LnED_{it}$为门槛变量；ϕ为特定门槛值；I为指标函数；α_i用于反映个体效应；u_{it}为随机干扰项。门槛模型的思想在于，首先使每一个观测值减去其组内平均值来消除个体效应；其次在给定门槛值时对模型进行估计得到残差平方和，选取残差平方和最小处对应的门槛值即为待求的真实门槛值。

进行门槛效应检验之前先确定门槛个数，依次在不存在门槛值、存在一个门槛值、两个门槛值和三个门槛值的条件下对上述模型进行估计检验，利用汉森提出的Bootstrap法反复抽样300次得到P值和相应的F统计量，检验结果如表4.3所示。

表4.3　　　　　　　经济发展门槛效果自抽样检验

模型	临界值					
	F值	P值	BS次数	1%	5%	10%
单一门槛	27.697 ***	0.000	300	17.170	8.968	6.805
双重门槛	12.212 **	0.000	300	4.360	0.932	-1.122
三重门槛	13.654	0.017	300	16.095	8.681	5.972

注：*** 、** 、* 分别表示在1%、5%、10%的水平下显著。

单一门槛检验结果表明，在1%显著性水平下拒绝不存在门槛效应的原假设，即接受存在单一门槛效应假设。双重门槛效应检验表明，在5%显著性水平下拒绝只存在一个门槛值的原假设，双重门槛效果显著，而三重门槛效应拒绝只存在两个门槛效应的原假设，表明模型存在三个门槛值的原假设，因而判定经济发展水平存在3个门槛值。采用"格栅搜索法"（Grid Search）确定门槛值，发现 3 个门槛值分别是 lnED1 = 9.983、lnED2 = 10.456 和 lnED3 = 10.988，相应的实际人均 GDP 水平（PGDP）为 21655 元、34752 元和 59160 元。

　　那么，上述门槛值结果是正确的吗？重新对门槛估计值的真实性进行检验，采用汉森提出的极大似然统计量（LR）检验门槛值，结果如图 4.1～图 4.3 所示。其似然比函数图，虚线为 LR 在 5% 显著性水平下的临界值，临界线以下部分为相应的 95% 置信区间。门槛估计值是 LR 为零时的参数值，三个图中 LR 值均在临界线以下，说明三个门槛值存在的真实性。

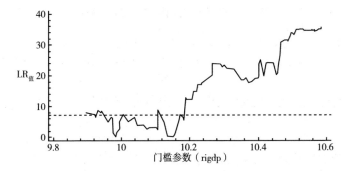

图 4.1　第一个门槛估计值和置信区间

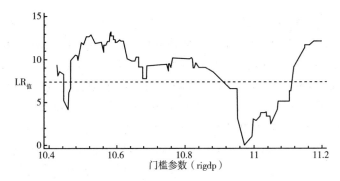

图 4.2　第二个门槛估计值和置信区间

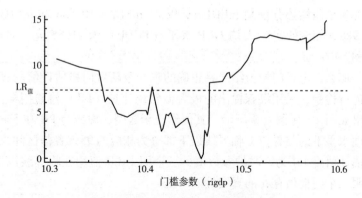

图 4.3　第三个门槛估计值和置信区间

确定门槛值以后，运用（4 - 2）式中的门槛参数，得到不同经济发展水平下环境规制对清洁技术创新的影响系数，如表 4.4 所示。

表 4.4　　　　　　　门槛模型中环境规制变量参数估计

变量	系数值	T 值	P 值	95% 置信区间
ER（ED≤21655）	- 0. 3564 ***	- 5. 21	0. 000	（ - 0. 4912， - 0. 2216）
ER（21655 < ED≤34752）	- 0. 1056 **	- 2. 09	0. 038	（ - 0. 2054， 0. 0059）
ER（34752 < ED≤59160）	0. 0158	0. 31	0. 580	（ - 0. 0838， 0. 1154）
ER（ED > 59160）	0. 1978 ***	2. 92	0. 004	（0. 0644， 0. 3313）

门槛参数估计结果表明：（1）当地区人均 GDP 低于 21655 元时，环境规制对清洁技术创新的边际影响系数为 - 0. 3564，环境规制强度的增加会抑制清洁技术创新水平的提高；（2）人均 GDP 介于 21655 ~ 34752 元时，环境规制对清洁技术创新的负向边际影响系数减弱至 - 0. 1056；（3）人均 GDP 介于 34752 ~ 59160 元时，边际系数由负转正为 0. 0158，但并不显著；（4）人均 GDP 跨越 59160 元时，环境规制对清洁技术创新有明显的促进作用，边际影响系数为 0. 1978。为此，根据经济发展的 3 个门槛值将经济增长水平分为 4 个区间，按照区间将各个地区划分成 4 组，表 4.5 显示了各年份处于不同收入区间的地区个数，表 4.6 列示了 2007 ~ 2015

年各地区在门槛值区间中的分布。

表 4.5　　　　　不同年份各个经济发展区间内省市个数

门槛值及区间	2007年	2008年	2009年	2010年	2011年	2012年	2013年	2014年	2015年
ED≤21655	20	17	14	7	3	1	0	0	0
21655 < ED≤34752	6	6	7	13	16	12	8	6	3
34752 < ED≤59160	3	5	6	7	6	11	15	13	17
ED > 59160	1	2	3	3	5	6	7	10	10
合计	30	30	30	30	30	30	30	30	30

表 4.6　2007年、2011年以及2015年各省份经济发展区间分布

门槛值及区间	2007年省份	2011年省份	2015年省份
ED≤21655	贵州、甘肃、云南、广西、江西、宁夏、安徽、青海、四川、湖南、河南、新疆、山西、海南、陕西、湖北、重庆、河北、黑龙江、吉林	贵州、甘肃、云南	
21655 < ED≤34752	山东、福建、内蒙古、辽宁、广东、江苏、	广西、江西、宁夏、安徽、青海、四川、湖南、河南、新疆、山西、海南、陕西、湖北、重庆、河北、黑龙江	贵州、甘肃、云南
34752 < ED≤59160	浙江、天津、北京	山东、福建、内蒙古、辽宁、广东、吉林	广西、江西、宁夏、安徽、青海、四川、湖南、河南、新疆、山西、海南、陕西、湖北、重庆、河北、黑龙江、吉林
ED > 59160	上海	浙江、天津、北京、上海	山东、福建、内蒙古、辽宁、广东、江苏、浙江、北京、天津、上海

　　从表 4.6 中可发现，2007～2015 年各个地区集聚的区间依次从第一变化到第三，表明各个地区逐渐从环境规制对清洁技术创新显著负影响、微弱负影响变化到正影响和显著正影响。在 2007 年经济发展水平低于第一个门槛值的省份最多，有 20 个省份；其次，有 6 个省份处于第一和第二个门槛之间，2007 年只有上海首先迈过第三个门槛值，环境规制开始显著促进清洁技术创新。2011 年，大部分地区依然没有跨越环境规制对清洁技术创新的微弱负向影响阶段，处于环境规制对清洁技术创新正向影响阶段的是山东、福建、内蒙古、辽宁、广东、吉林 6 个省份，率先进入环境规制对清洁技术创新显著正向影响阶段的四个省份为浙江、天津、北京、上海，均位于东部地区。到 2015 年全国已有 10 个省份跨越经济发展高门槛值，分别为北京、天津、上海、山东、福建、内蒙古、辽宁、广东、江苏、浙江，其他大多数地区也已进入环境规制对清洁技术创新的正向影响阶段，但也有三个地区尚未跨越环境规制对清洁技术创新的负向影响阶段。

　　上述实证结果表明，环境规制对清洁技术创新的影响效应取决于经济发展处于什么阶段。可以从两个方面进行理解：首先是经济发展方式转变的内在驱动作用，经济发展阶段的变化要求从高投入、高污染、高消耗的粗放型增长方式向节能环保、技术进步驱动的可持续型增长方式转变，而进行清洁技术创新是实现这种经济增长方式转变的根本有效手段，此时政府环境规制措施的实施和强度的增加会进一步促进清洁技术创新水平的提高；其次，随着人均收入水平的提高，人们对生活质量有更高的要求，从而对高环境质量的需求提高，企业有了实施清洁生产的内在动力，进行清洁技术创新一方面可以满足环境规制的要求，另一方面可以通过"创新补偿效应"提高企业竞争力。相反，当一个地区经济水平较为落后时，经济增长、收入提高就成为地区面临的主要问题，而且当收入水平较低时，人们对高环境质量需求较低，即使严厉的环境规制也难以激励企业进行清洁技术创新。

第四节　本章小结

本章利用中国2007～2015年30个省（区、市）的面板数据构建计量经济模型，检验了中国环境规制对清洁技术创新的非线性作用，并进一步采用门槛模型判定环境规制的清洁技术创新效应中是否存在经济发展的门槛效应。主要结论是：整体来看，中国的环境规制强度与清洁技术创新符合"U"型关系，即随着环境规制强度的加大，清洁技术进步呈现出先下降后上升的发展趋势；现阶段中国环境规制强度处于"U"型轨迹的下降阶段，远低于拐点值，环境规制对清洁技术创新具有负向抑制效应，表明中国环境规制强度尚处于较低水平，适当提高政府对企业的环境规制强度能够促进清洁技术创新的不断发展；不同的环境规制形式会影响清洁技术创新与环境规制强度"U"型关系曲线的变化幅度和拐点水平，政府施加给企业的环境规制强度比直接出资进行环境治理对清洁技术创新的促进作用更强；分地区经验分析表明，环境规制强度对清洁创新技术的作用在发达地区和欠发达地区间存在差异，中国东部地区和西部地区的环境规制强度与清洁技术创新之间符合"U"型发展趋势；各个地区环境规制强度均尚未达到拐点值。面板门槛模型实证结果表明，经济发展水平存在三重门槛效应，当经济发展跨越第三个门槛值时，环境规制强度的增加才能显著促进清洁技术进步。

第五章

环境规制政策的本地和邻地清洁
技术创新效应检验

第一节 理论模型

假设1 市场由 a 地区生产部门与 b 地区生产部门的产品组成，地区 a 与地区 b 商品与劳动皆自由流动，不存在扭曲，所有中间品投入皆用于最终品生产。最终产品 Y_t 采用固定替代弹性的 CES 生产函数表示，a 部门与 b 部门中间产品均采用劳动与蕴含前沿技术的资本品生产，推动整个产品部门的技术进步。

最终产品部门。产品总产能 Y_t 采用固定替代弹性的 CES 生产函数表示：

$$Y_t = (Y_{at}^{\frac{\varepsilon-1}{\varepsilon}} + Y_{bt}^{\frac{\varepsilon-1}{\varepsilon}})^{\frac{\varepsilon}{\varepsilon-1}} \qquad (5-1)$$

其中，Y_{at} 代表 a 部门的产能；Y_{bt} 代表 b 部门的产能；替代弹性 ε 表示 a 部门与 b 部门产品之间的替代特征。

中间产品生产部门。中间产品由劳动和资本品进行生产，生产函数满足：

$$Y_{jt} = L_{jt}^{1-\alpha} \int_0^1 A_{jit}^{1-\alpha} m_{jit}^{\alpha} di \qquad (5-2)$$

$$e(Y_{jt}) = (1 - \theta(A_{jt})) L_{jt}^{1-\alpha} \int_0^1 A_{jit}^{1-\alpha} m_{jit}^{\alpha} di \qquad (5-3)$$

其中，Y_{jt}代表生产部门 j 中间品的产出规模，L_{jt}代表部门 j 的劳动力投入量，其中劳动力在 a 部门与 b 部门间进行分配；m_{jit}为生产部门 j 使用的第 i 种资本品的数量，可以认为是产品生产过程中使用的机器设备的数量；A_{jit}代表生产部门 j 中所使用的第 i 种机器的质量，代表生产部门 j 的技术水平。式（5-3）中，$e(Y_{jt})$为产品生产过程中所产生的污染物，$\theta(A_{jt})$为清洁技术的减排能力，其值受部门清洁技术本身的影响，且满足$\dfrac{\partial\theta(A_{jt})}{A_{jt}}>0$，即随着$A_{jt}$的增加而逐渐提高，式（5-3）表明，清洁技术的提升一方面可以提高部门产出，另一方面可以降低部门污染物排放强度，最终污染物排放水平取决于清洁技术增产能力与减排能力的净效应，其中$\alpha\in(0,1)$。

地区生产部门创新过程满足：

$$A_{jt}=(1+\beta_j\vartheta_j)A_{jt-1},j\in\{a,b\} \qquad (5-4)$$

$$\beta_j=\left(\frac{\lambda_j Y_{jt}}{L_{jt}A_{jt}}\right)^{\varphi} \qquad (5-5)$$

其中，A_{jt}代表地区清洁技术创新；β_j代表地区清洁技术创新率；ϑ_j代表 j 部门技术研发效率。张海洋（2005）研究指出，技术进步率与研发投入 R&D 之间满足$\beta_j^*=\delta R_t^{\varphi}$，假定研发投入$R_t=\lambda_{jt}Y_{jt}$；琼斯（Jones，1995）、易信等（2015）研究指出，研发生产函数规模效应的设定违背经济增长的基本规律，即研发生产不存在规模效应，为此将研发投入改进为人均研发投入以规避研发规模效应，β_j设定为如下函数形式：

$$\beta_j=\left(\frac{\lambda_{jt}Y_{jt}}{L_{jt}A_{jt}}\right)^{\varphi}$$

其中，λ_{jt}为部门研发投入比例值；φ为研发投入产出弹性。

假设 2 产品生产部门生产产品的同时产生环境污染，产品生产越多对环境的负外部性影响程度越重，表现为污染物排放增多，环境质量越差。为抑制企业生产过程中的污染物排放和提高环境质量，政府对产品生产部门征收一定比例的从价污染税。生产部门通过选择最优劳动力和机器投入规模实现其利润最大化，由此对于产品生产部门 j，其利润最大化问题为：

$$\max_{\lceil L_{jit}, m_{jit} \rceil} p_{jt} L_{jt}^{1-\alpha} \int_0^1 A_{jit}^{1-\alpha} m_{jit}^{\alpha} di - w_{jt} L_{jt} - \int_0^1 p_{mit}^j m_{jit} di - \tau_{jt} p_{jt} e(Y_{jt})$$

其中，p_{jt} 为 Y_{jt} 的价格；p_{mit}^j 为 m_{jit} 的价格；w_{jt} 为生产部门 j 劳动力的价格。依据利润最大化原则，上式对 L_{jt} 和 m_{jit} 求偏导，整理能够得到：

$$w_{jt} = (1-\alpha) p_{jt} [1 - \tau_{jt} (1 - \theta(A_{jt}))] L_{jt}^{-\alpha} \int_0^1 A_{jit}^{1-\alpha} m_{jit}^{\alpha} di$$

$$p_{mit}^j = \alpha p_{jt} [1 - \tau_{jt} (1 - \theta(A_{jt}))] L_{jt}^{1-\alpha} \int_0^1 A_{jit}^{1-\alpha} m_{jit}^{\alpha-1} di$$

资本品 m_{jit} 由垄断竞争厂商生产，生产成本和使用价格分别为 $\alpha^2 r_j$ 和 p_{mit}^j，则为中间产品生产部门 j 提供物质资本的生产商，其利润最大化问题为：

$$\max[p_{mit}^j m_{jit} - \alpha^2 r_j m_{jit}]$$

求解该最优化问题，得到生产部门 j 第 i 类机器生产商的最优产量与最大利润为：

$$m_{jit} = p_{jt}^{\frac{1}{1-\alpha}} [1 - \tau_{jt} (1 - \theta(A_{jt}))]^{\frac{1}{1-\alpha}} L_{jt} A_{jit} r_j^{\frac{1}{\alpha-1}} \qquad (5-6)$$

$$\pi_{jit} = \alpha(1-\alpha) r_j^{\frac{\alpha}{\alpha-1}} p_{jt}^{\frac{1}{1-\alpha}} [1 - \tau_{jt} (1 - \theta(A_{jt}))]^{\frac{1}{1-\alpha}} L_{jt} A_{jit}$$

进一步推导可得为中间品生产提供资本品的所有生产商利润总和为：

$$\pi_{jt} = \alpha(1-\alpha) r_j^{\frac{\alpha}{\alpha-1}} p_{jt}^{\frac{1}{1-\alpha}} [1 - \tau_{jt} (1 - \theta(A_{jt}))]^{\frac{1}{1-\alpha}} L_{jt} A_{jt}$$

由此可得 a 部门与 b 部门的相对利润为：

$$\frac{\pi_{at}}{\pi_{bt}} = \left(\frac{p_{at}}{p_{bt}}\right)^{\frac{1}{1-\alpha}} \left(\frac{r_a}{r_b}\right)^{\frac{-\alpha}{1-\alpha}} \left(\frac{1 - \tau_{at}(1 - \theta(A_{at}))}{1 - \tau_{bt}(1 - \theta(A_{bt}))}\right)^{\frac{1}{1-\alpha}} \frac{A_{at}}{A_{bt}} \frac{L_{at}}{L_{bt}} \quad (5-7)$$

由公式（5-7）可知，生产部门 a 与生产部门 b 的相对利润取决于两部门资本品的相对成本 $\frac{r_a}{r_b}$、中间品相对价格 $\frac{p_{at}}{p_{bt}}$、相对技术创新水平 $\frac{A_{at}}{A_{bt}}$ 及相对劳动力供给规模 $\frac{L_{at}}{L_{bt}}$，且受区域间环境税率 τ_{jt} 以及清洁技术减排能力 $\theta(A_{jt})$ 的影响。

将资本品供应厂商最优产量函数（5-6）代入产品生产函数（5-2），可得部门最优产量表达式：

$$Y_{jt} = r_j^{\frac{\alpha}{\alpha-1}} p_{jt}^{\frac{\alpha}{1-\alpha}} [1 - \tau_{jt}(1 - \theta(A_{jt}))]^{\frac{\alpha}{1-\alpha}} L_{jt} A_{jt} \quad (5-8)$$

将式（5-8）代入式（5-5）可得技术进步增长率 g_{jt}^A：

$$g_{jt}^A = \frac{A_{jt} - A_{jt-1}}{A_{jt-1}} = \vartheta_j \lambda_j^{\varphi} r_j^{\frac{\alpha\varphi}{\alpha-1}} p_{jt}^{\frac{\alpha\varphi}{1-\alpha}} [1 - \tau_{jt}(1 - \theta(A_{jt}))]^{\frac{\alpha\varphi}{1-\alpha}}$$

进一步推导可得地区清洁技术与环境规制之间的作用关系满足：

$$\frac{\partial A_{jt}}{\partial \tau_{jt}} = A_{jt-1} \frac{\partial g_{jt}^A}{\partial \tau_{jt}} = \frac{G(\theta(A_{jt}) - 1)}{1 - G \tau_{jt} \dfrac{\partial \theta(A_{jt})}{\partial A_{jt}}} \quad (5-9)$$

其中，$G = \frac{\alpha\varphi}{1-\alpha} A_{jt-1} \vartheta_j \lambda_j^{\varphi} r_j^{\frac{\alpha\varphi}{\alpha-1}} p_{jt}^{\frac{\alpha\varphi}{1-\alpha}} [1 - \tau_{jt}(1 - \theta(A_{jt}))]^{\frac{\alpha\varphi}{1-\alpha}-1}$，所以 $G > 0$，由前文假定可知 $\frac{\partial \theta(A_{jt})}{A_{jt}} > 0$ 以及 $\theta(A_{jt}) - 1 < 0$，由式（5-9）分析可以得出：

结论 1 清洁技术进步 A_{jt} 受本地环境规制强度 τ_{jt}、前期清洁技术水平以及清洁技术减排能力 $\theta(A_{jt})$ 的影响，环境规制并非一定能够有效提高清洁技术进步，即环境规制对清洁技术进步的作用门槛效应，只有当环境规制强度跨越门槛值 $1\Big/\Big(G\dfrac{\partial\theta(A_{jt})}{\partial A_{jt}}\Big)$ 时，环境规制才能对清洁技术进步发挥正向作用效应。

由于劳动要素市场完全竞争及自由流动的特征，a 部门与 b 部门劳动要素边际产品价值相等，由此可得：

$$(1-\alpha)p_{at}\big[1-\tau_{at}(1-\theta(A_{at}))\big]L_{at}^{-\alpha}\int_0^1 A_{ait}^{1-\alpha}m_{ait}^{\alpha}di=$$

$$(1-\alpha)p_{bt}\big[1-\tau_{bt}(1-\theta(A_{bt}))\big]L_{bt}^{-\alpha}\int_0^1 A_{bit}^{1-\alpha}m_{bit}^{\alpha}di$$

分别将 a、b 部门机器最优产量 $m_{ait}=p_{at}^{\frac{1}{1-\alpha}}\big[1-\tau_{at}(1-\theta(A_{at}))\big]^{\frac{1}{1-\alpha}}L_{at}A_{ait}r_a^{\frac{1}{\alpha-1}}$ 和 $m_{bit}=p_{bt}^{\frac{1}{1-\alpha}}\big[1-\tau_{bt}(1-\theta(A_{bt}))\big]^{\frac{1}{1-\alpha}}L_{bt}A_{bit}r_b^{\frac{1}{\alpha-1}}$ 代入上式可得：

$$\frac{w_{at}}{w_{bt}}=1=\Big(\frac{p_{at}}{p_{bt}}\Big)^{\frac{1}{1-\alpha}}\Big(\frac{r_a}{r_b}\Big)^{\frac{-\alpha}{1-\alpha}}\Big(\frac{1-\tau_{at}(1-\theta(A_{at}))}{1-\tau_{bt}(1-\theta(A_{bt}))}\Big)^{\frac{1}{1-\alpha}}\frac{A_{at}}{A_{bt}}$$

进一步推导得到中间产品相对价格与技术创新的关系：

$$\frac{p_{at}}{p_{bt}}=\Big(\frac{r_a}{r_b}\Big)^{\alpha}\Big(\frac{A_{at}}{A_{bt}}\Big)^{\alpha-1}\Big(\frac{1-\tau_{at}(1-\theta(A_{at}))}{1-\tau_{bt}(1-\theta(A_{bt}))}\Big)^{-1} \qquad (5-10)$$

根据行业最终生产函数的 CES 函数特征，可以得到各生产部门的产品价格等于最终产品部门边际产量的价值。由此生产部门 a 与生产部门 b 的产出关系满足：

$$\frac{Y_{at}}{Y_{bt}}=\Big(\frac{p_{bt}}{p_{at}}\Big)^{\varepsilon}$$

进一步将 a 地区与 b 地区的最优产量 $Y_{at}=r_a^{\frac{\alpha}{\alpha-1}}p_{at}^{\frac{1}{1-\alpha}}\big[1-\tau_{at}(1-\theta(A_{at}))\big]^{\frac{\alpha}{1-\alpha}}L_{at}A_{at}$ 和 $Y_{bt}=r_b^{\frac{\alpha}{\alpha-1}}p_{bt}^{\frac{\alpha}{1-\alpha}}\big[1-\tau_{bt}(1-\theta(A_{bt}))\big]^{\frac{\alpha}{1-\alpha}}L_{bt}A_{bt}$ 代入上式，进一步整理计算可得：

$$f(\tau_{at}, \tau_{bt}) = \frac{\pi_{at}}{\pi_{bt}} = \left(\frac{r_a}{r_b}\right)^{-\alpha(\varepsilon-1)} \left(\frac{A_{at}}{A_{bt}}\right)^{(1-\alpha)(\varepsilon-1)} \left(\frac{1 - \tau_{at}(1 - \theta(A_{at}))}{1 - \tau_{bt}(1 - \theta(A_{bt}))}\right)^{\varepsilon}$$
(5 – 11)

$$f(\tau_{at}, \tau_{bt}) = \left(\frac{r_a}{r_b}\right)^{\alpha} \left(\frac{A_{at}}{A_{bt}}\right)^{\alpha-1} \frac{Y_{at}}{Y_{bt}}$$
(5 – 12)

由式（5 – 11）可知资本品供应厂商根据产品部门的相对利润来决定技术创新投入选择。也就是说，当 a 地区产品相对利润较高时，研发人员只针对 a 地区产品进行技术创新；当 b 地区产品相对利润较高时，研发人员只针对 b 地区产品进行技术创新；当两部门利润相等时，不同类型技术创新无差异。由式（5 – 12）可知环境政策的实施将促使区域间进行产业生产调整，改变地区间产品生产结构。但地区政府出于发展经济与保护环境的目的，会针对地区产业发展施行相应的环境政策，环境政策的实行将打破地区自由研发的平衡，而地区间环境政策的非协调性将直接影响地区环境技术研发的程度。

当两地区皆不施行环境政策，即 $\tau_{at} = \tau_{bt} = 0$ 时，地区相对利润水平取决于资本品生产成本与地区间清洁技术水平，且相对利润水平与资本品生产成本 r_j 成反比，与地区清洁技术水平 A_{jt} 呈正相关。假定初始时刻 $f(0,0) < 1$，即 $\frac{A_{at}}{A_{bt}} < \left(\frac{r_a}{r_b}\right)^{\frac{\alpha}{1-\alpha}}$ 时，不施加外部政策干预的情况下，a 地区将不存在清洁技术创新。假设初始状态下 $f(\tau_{at}, \tau_{bt}) < 1$，$\tau_{at}$ 保持现有水平不变，地区 b 提高环境规制 τ_{bt} 的水平，式（5 – 11）对环境规制 τ_{bt} 求偏导可得：

$$\frac{\partial f}{\partial \tau_{bt}} = -f\left\{(1-\alpha)(\varepsilon-1)A_{bt}^{-1}\frac{\partial A_{bt}}{\partial \tau_{bt}} + \frac{\varepsilon}{1 - \tau_{bt}(1 - \theta(A_{bt}))}\right.$$
$$\left.\left(\theta(A_{bt}) + \tau_{bt}\frac{\partial\theta(A_{bt})}{\partial \tau_{bt}} - 1\right)\right\}$$
(5 – 13)

令 $M = (1-\alpha)(\varepsilon-1)A_{bt}^{-1}\dfrac{\partial A_{bt}}{\partial \tau_{bt}}$，表示环境规制所引致的技术进

步效应；$N = \dfrac{\varepsilon}{1-\tau_{bt}(1-\theta(A_{bt}))}\left(\theta(A_{bt}) + \tau_{bt}\dfrac{\partial\theta(A_{bt})}{\partial\tau_{bt}} - 1\right)$，表示环

境规制所引致的减排效应。因此，由式（5-12）分析可得，环境
规制对区域间清洁技术创新的交互影响受地区环境规制对清洁技术
创新的作用关系 $\dfrac{\partial A_{bt}}{\partial\tau_{bt}}$ 和环境规制的减排能力 $\dfrac{\partial\theta(A_{bt})}{\partial\tau_{bt}}$ 的影响。若地区

b 内环境规制依然没有跨越环境规制拐点，即 $\dfrac{\partial A_{jt}}{\partial\tau_{jt}} < 0$，则区域间相对

利润随区域 b 内环境规制的提高而增大，当 τ_{bt} 增大直至 $f(\tau_{at},\tau_{bt}) > 1$，
区域 a 内清洁技术得到推动。若地区 b 内环境规制已经跨越环境规制

拐点，即 $\dfrac{\partial A_{jt}}{\partial\tau_{jt}} > 0$，则 b 地区环境规制 τ_{bt} 对 a 地区清洁技术创新的影

响取决于 M + N 变化的净效应，若 $\tau_{bt} > (1-\theta(A_{bt}))\left/\dfrac{\partial\theta(A_{jt})}{\partial A_{jt}}\right.$，则

$M + N > 0$，则 $\dfrac{\partial f}{\partial\tau_{bt}} < 0$，b 地区环境规制增强将持续弱化 a 地区的清

洁技术创新能力，反之，若 $M + N < 0$，$\dfrac{\partial f}{\partial\tau_{bt}} > 0$，当 τ_{bt} 增大直至
$f(\tau_{at},\tau_{bt}) > 1$，b 地区环境规制增强将能带动 a 地区清洁技术创新
发展。

结论 2　环境规制引发企业研发创新利润变化，影响本地与邻
地的产品生产规模和利润结构，进而转变地区间技术创新的投入方
向和投入强度。本地环境规制对清洁技术创新的非一致性亦是其对
邻地清洁技术进步差异化的重要原因，若本地环境规制尚未跨越规制
拐点，环境规制强度提高至 $f(\tau_{at},\tau_{bt}) > 1$ 时，将推动邻地清洁技术进
步，环境规制对邻地清洁技术进步表现为先减后增的"U"型效应；
若本地环境规制已经跨越规制拐点，本地环境规制对邻地清洁技术进
步的作用方向，取决于清洁技术进步激励效应与减排效应的累积。

第二节 模型选择与指标设计

主流观点认为，环境规制对本地的清洁技术创新方向表现出非线性特征，两者可能在某些条件下表现出"U"型变化趋势。或者说，当环境规制强度跨越某临界点时，环境规制将明显转变技术进步方向。而且正如数理模型演绎结果所示，环境规制对本地清洁技术进步表现出"U"型特征的同时，将引致邻地清洁技术进步表现出延时性类"U"型效应。这暗示本地的环境规制在不同情境下，可能使邻地处于"搭便车"或"搭黑车"的角色转换境地。本书结合数理模型的本地环境库兹涅茨"U"型特征，将环境规制及其平方项引入计量模型，构建环境规制与技术进步二次曲线模型，分类对比环境规制的"本地—邻地"清洁技术进步效应。结合经济发展阶段，参考董直庆等（2015）研究中控制变量的选取，在模型中同时引入经济发展水平、研发资本、外商直接投资和所有制结构作为控制变量，计量模型设计如下：

$$
\begin{aligned}
G\_tech_{it} = {} & \delta_0 + \rho_0 W\,CI_{it} + \beta_1 ER_{it} + \beta_2 ER_{it}^2 + \beta_3 K_{it} + \beta_4 ED_{it} \\
& + \beta_5 OS_{it} + \beta_6 FDI_{it} + \theta_1 WER_{it} + \theta_2 WER_{it}^2 + \theta_3 WK_{it} \\
& + \theta_4 WED_{it} + \theta_5 WOS_{it} + \theta_6 WFDI_{it} + \varepsilon_{it} \qquad (5-14)
\end{aligned}
$$

其中，G_tech_{it} 为第 i 个省份在 t 年的清洁技术水平；ER_{it} 为第 i 个省份在 t 年的环境规制强度；控制变量研发资本、经济发展水平、外商直接投资和所有制结构分别以 K_{it}、ED_{it}、FDI_{it} 和 OS_{it} 表示。式（5-14）中，δ_0 为不随个体变化的截距项；β 为解释变量待估参数；W 为空间权重矩阵；θ_i 为空间交互项系数；ρ_0 为因变量的空间滞后项系数；ε_{it} 为随机误差项。

一般地，最基本的空间权重矩阵 W_{ij} 根据区域之间的邻接性确定。若 i 地区与 j 地区存在边界上的邻接关系，则赋予权重 W_{ij} 为 1，否则为 0。李婧等（2010）认为，地区之间的经济关联不只局限于地理邻接，以地理邻接条件作为空间权重矩阵的选择依据不足以充分反映区域之间经济关联的客观事实。当然，由于地理距离远近不同，一个区域与所有与之不相邻区域的空间关联强度存在差异，诸如北京和山东、云南之间的空间权重，按照邻接矩阵的设定应为 0，但依照常理北京对与其距离较近的山东的影响，一般要大于与之距离较远的云南。因此，本书空间模型中选择距离权重矩阵 $\frac{1}{d^\gamma}$ 表征地区之间的空间效应，其中 d 为两个省域地理中心位置之间的距离，γ 取值为 1。考虑到区域间专利技术传播及模仿学习的便捷性，本书认为，在计量回归中，权重矩阵的选取应存在调整空间。以北京、天津与上海以及广东之间权重大小为例，当 γ 取值为 1，北京与天津之间的影响权重是北京与上海之间影响权重的 10 倍，是北京与广州之间影响权重的近 20 倍。这间接反映相邻地区专利技术具有迅速传播模仿的特性。因此，当 γ 取值为 1 时，相对于上海和广东对北京地区的影响，可能会夸大天津对北京的相对作用强度。为此，本书同时选取 γ 取值为 0.5 作为空间权重矩阵进行比照检验。

被解释变量：清洁技术进步 G_tech_{it}。为了能够直接表征清洁技术进步，有别于传统使用测算方法获取技术进步并剔除可能存在的估计偏误，本书选取清洁技术发明专利授权数来表征。根据世界知识产权组织（WIPO）提供的绿色专利清单（http：//www.wipo.int/classifications/ipc/en/est/）中列示的绿色专利国际专利分类（IPC）编码，通过设置专利类型、IPC 分类编码及发明单位（个人）地址，从中国知网专利数据库搜索获取（王班班，2017）。环境规制 ER_{it} 采用经济方式型环境规制表征方法，以地方政府排污费收入占GDP 比重来衡量，体现谁污染谁治理和谁消耗谁承担的效率和责任原则，强调以市场为导向利用排污费征收、环境税等经济手段，来规范排污者的行为。排污费支出有利于企业实现污染外部成本内部化，发挥环境规制对企业清洁技术创新的激励作用。该指标值越大，表明环境规制强度越高（董直庆等，2015）。其他控制变量指标设计如下：经济发展水平 ED 采用各地区人均国内生产总值衡量，利用地区人均 GDP 指数平减，得到以 2003 年为基期的人均实际地区国内生产总值；外商直接投资 FDI，以外商直接投资额来表征（李斌，2013）；所有制结构 OS 则选择规模以上工业企业资产中，国有及国有控股工业资产所占的比重表示；研发资本 K，选取各地区研究与开发机构 R&D 经费支出表示。考虑到各地区经济规模差异和数据的可比性，通过各地区消费价格指数（CPI）消除物价影响并进行对数变换。在此，选取除西藏以外的 30 个省市面板数据作为样本。相关指标数据均来源于历年《中国工业企业数据库》《中国统计年鉴》《中国环境统计年鉴》《中国科技统计年鉴》以及中国知网数据库。

观察本地及邻地环境规制强度与清洁技术进步的变动趋势，如图 5.1 和图 5.2 所示。图 5.1 和图 5.2 的散点图及其相应拟合线表明，无论在本地还是邻地，环境规制与本地和邻地的清洁技术创新

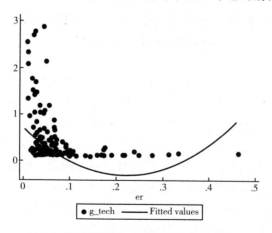

图 5.1　环境规制与本地清洁技术进步关系

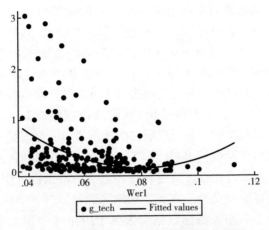

图 5.2 环境规制与邻地清洁技术进步关系

均表现为明显的"U"型关系。不过，两者在"U"型曲度和周期上存在一定程度的差异，这符合理论模型的预期，先行间接验证计量模型设定形式的合理性。

第三节 环境规制政策的"本地—邻地" 清洁技术进步效应检验

通过回归方程考察环境规制与"本地—邻地"清洁技术进步的关系，先以公式（5－14）考察全样本清洁技术进步效应。本书所采用的面板数据时间跨度为 9 年，时间截面维度远小于横截面维度，单位根过程影响很小，因而不需考虑时间序列数据的平稳性问题。由于短面板数据每个个体信息量有限，因此一般假定随机扰动项满足独立同分布且不存在自相关。同时，本书选择空间面板数据模型时，以 Hausman 检验判定模型满足固定效应模型还是随机效应模型。结果显示，所有模型皆满足固定效应模型。表5.1 给出各个模型的回归结果。

表 5.1 全样本环境规制的"本地—邻地"清洁技术进步
方向转变效应检验

矩阵 W		$\gamma = 1$		$\gamma = 0.5$	
	变量	固定效应 G_tech	随机效应 G_tech	固定效应 G_tech	随机效应 G_tech
本地效应	ER	-2.8330 ** (1.1032)	-1.9867 * (1.1576)	-4.0576 ** (1.3131)	-2.1029 * (1.1651)
	ER²	5.6130 * (2.9311)	4.2314 (2.7328)	7.5640 ** (3.3563)	4.2148 (2.7734)
	K	0.0431 ** (0.0161)	0.0052 (0.0395)	0.0028 (0.0185)	0.0126 (0.0408)
	ED	0.2272 *** (0.0215)	0.3685 *** (0.0469)	0.2416 *** (0.0185)	0.3615 *** (0.0426)
	OS	-0.3589 ** (0.1220)	0.6893 ** (0.2924)	-0.3924 *** (0.1161)	0.6252 ** (0.2828)
	FDI	-5.3039 *** (1.0927)	-6.2167 *** (1.2563)	-6.3366 *** (1.1185)	-6.4319 *** (1.2808)
	CONSTANT		3.8552 (2.8277)		1.1392 (5.5295)
邻地效应	WER	-26.4588 ** (8.9005)	-13.0795 ** (4.6027)	-64.1219 ** (20.9070)	-10.0962 (6.4159)
	WER²	43.9317 ** (22.1219)	17.2281 (12.6319)	108.9919 ** (51.0363)	3.4217 (19.5490)
	WK	-0.5384 *** (0.1428)	-0.3125 (0.2273)	-1.5123 *** (0.3383)	-0.1721 (0.4341)
	WED	0.4589 ** (0.1844)	0.3907 ** (0.1695)	1.6150 *** (0.3953)	0.5973 ** (0.2843)
	WOS	-1.0423 (0.7852)	-0.8103 (1.1639)	-3.8437 ** (1.8876)	0.4592 (2.4673)
	WFDI	-20.4174 ** (8.0709)	-9.6123 (8.2371)	-60.2457 *** (17.6105)	-4.1949 (16.2081)

矩阵 W	$\gamma = 1$		$\gamma = 0.5$	
变量	固定效应 G_tech	随机效应 G_tech	固定效应 G_tech	随机效应 G_tech
ρ	-1.3032^{***} (0.2689)	-0.9500^{***} (0.2467)	-3.5848^{***} (0.5727)	-1.4153^{**} (0.4370)
σ^2	0.0790^{***} (0.0070)	0.0516^{***} (0.0052)	0.0669^{***} (0.0066)	0.0525^{***} (0.0054)
Hausman-test		27.44 (0.0001)		17.43 (0.0078)
N	270	270	270	270
R^2	0.614	0.496	0.609	0.485
er 拐点	0.2523		0.2682	
W-er 拐点	0.3011		0.2942	

注：括号内为标准误，***、**、* 分别表示在 1%、5%、10% 的水平下显著。

表 5.1 结果显示：（1）环境规制的本地清洁技术进步效应"U"型特征突出。当 $\gamma = 1$ 或 $\gamma = 0.5$ 时，SDM 模型在全国样本的回归分析中，环境规制变量 ER 的一次项系数和二次项系数分别为负号和正号，且至少在 10% 的水平上显著，说明整体上中国环境规制对本地清洁技术创新确实表现出先抑后扬的"U"型关系，即清洁技术创新水平先随环境规制强度的增加而降低，当环境规制跨越规制拐点之后，清洁技术创新水平随环境规制的增强而提高。$\gamma = 1$ 或 $\gamma = 0.5$ 的显著度及正负项关系结果保持一致。以 $\gamma = 1$ 的回归结果为例，SDM 模型结果显示本地环境规制拐点约在 0.2523%，即地方政府环境治理支出占 GDP 比值为 0.2523% 时，环境规制将激励技术进步朝清洁方向转变。不过，当前全国各省域环境规制强度平均值仅为 0.0616%，远低于拐点水平 0.2523%，暗示当前阶段以改善环境质量为目的的

短期环境政策趋紧反而会取得适得其反的效果，对清洁技术方向转变产生抑制。经济发展水平 ED 对清洁技术创新表现为显著的正向促进作用，暗示随着地区人均收入水平提高，其清洁技术水平会不断提高。原因在于，一方面，地区经济实力越强，用于 R&D 研发的经费越多，技术创新产出和技术水平自然越高；另一方面，地区经济水平越高、居民越富裕，则环保意识越强，对环境质量的要求越高且容忍度越低，要求企业转向清洁技术创新的意愿越强。

值得注意的是，所有制结构 OS 对清洁技术创新水平的回归结果显著为负，说明国有及国有控股企业并未更多地进行清洁技术研发，在环境规制过程中，资本的国有性质并未引导企业朝环境规制的正向激励方向转变，资本逐利性完全涵盖资本的性质。此外，外商直接投资 FDI 对清洁技术创新的负向影响，说明中国前些年招商引资过程中充当投资国"污染避难所"的角色，存在引进污染生产的现象。当然，研发资产 K 对于中国清洁技术创新水平具有显著正向作用，通常研发投入越多，企业技术创新产出越高，清洁技术进步需要研发投入驱动。

（2）环境规制的邻地技术进步效应表现出类"U"型。从全样本的数据检验结果来看，当 $\gamma = 1$ 或 $\gamma = 0.5$ 时，环境规制对邻地技术进步作用在 5% 的水平下显著，显著性和作用强度均高于本地环境规制的效果。从一次项和二次项系数值及显著性上可以看出，邻地环境规制对本地区清洁技术进步的作用表现出类"U"型特征，这个"U"型有别于本地效应，主要体现为：一是"U"型倾斜度即系数值显著高于本地环境规制，表明环境规制对邻地技术进步作用突出。暗示本地环境规制强度提高，将显著抑制邻地清洁技术进步。这种结果可能是环境规制强化迫使企业短期内就近转移污染产业，引发邻地环境规制无法跟随提高，产业转移甚至被迫降低或放松环境规制，进而减弱邻地清洁技术创新的结果。二是邻地环境规制拐点落后于本地环境规制拐点，拐点值约为 0.3011%，明显大于本地环境规制拐点 0.2523%，表明邻地环境规制对本地清洁技术进步的影响可能存在滞后性，即环境规制在滞后期中明显抑制清洁技术进步。两者固定效应与随机效应结果无差异，均表现出类似的作用效应。

对于控制性变量，研发资本对邻地的清洁技术进步明显有别于本地的作用效应。发现研发资本系数为负且显著，表明研发投入将抑制邻地研发投入增长，进而对邻地清洁技术进步形成挤出效应。当然，经济发展水平越高，对邻地清洁技术进步的溢出效应越明显，越能推动邻地向清洁技术进步方向转变。所有制结构和 FDI 与环境规制的本地清洁技术进步效应类似，国有资本和 FDI 都未通过政策规制实现正向激励企业转向清洁技术进步。

环境规制的"本地—邻地"清洁技术进步关系的散点图和统计回归结果表明，一些地区环境规制的清洁技术进步负向抑制效应突出，而另一些地区环境规制和清洁技术进步实现一定程度的相容发展，暗示不同地区环境规制的清洁技术进步效应可能存在明显差异。考虑到环境规制政策跨域影响的就近性，依据中国地区发展特点和发达地区集聚特征，按照京津冀经济圈、长三角经济圈以及珠三角经济圈分别进行回归，进一步考察不同地区环境规制对清洁技术进步的作用效果。在此重点关注代表性地区间环境规制对清洁技术进步的作用。其中，京津冀经济圈包括与京津冀三地相邻或相近的辽宁、内蒙古以及山西等六个省份，长三角经济圈包括与苏浙沪相邻或相近的江西、湖北、福建、河南以及安徽等八个省份，珠三角经济圈包括与广东、广西、福建相邻或相近的贵州、云南、湖南、江西以及海南等八个省份。不同经济圈环境规制的技术进步方向转变效应回归结果如表5.2 所示。

表 5.2 不同地区环境规制的技术进步方向转变效应对比检验

	变量	京津冀经济圈		长三角经济圈		珠三角经济圈	
		G_tech ($\gamma=1$)	G_tech ($\gamma=0.5$)	G_tech ($\gamma=1$)	G_tech ($\gamma=0.5$)	G_tech ($\gamma=1$)	G_tech ($\gamma=0.5$)
本地效应	ER	3.2145** (1.5043)	3.2459* (1.9442)	61.3168** (19.4511)	50.1165* (27.4352)	-16.1136*** (3.8548)	-23.2066*** (4.8324)
	ER^2	-1.1977 (2.6743)	-1.0957 (3.4719)	-630.0512** (224.7090)	-465.4977 (317.8470)	49.6567*** (14.0310)	72.2652*** (17.1052)
	K	-0.2848*** (0.0394)	-0.5149*** (0.0608)	0.6300*** (0.1589)	0.4165 (0.3328)	0.1678** (0.0675)	0.1771* (0.0966)
	ED	0.4063*** (0.0464)	0.9999*** (0.0911)	0.1863*** (0.0491)	0.2106* (0.1197)	0.5288** (0.1813)	0.3466 (0.2482)
	OS	1.6984*** (0.3158)	2.1835*** (0.4059)	4.6356*** (0.7352)	5.6609*** (1.2498)	0.8648 (0.9778)	-0.0862 (1.3463)
	FDI	-5.9317*** (1.1541)	-0.6042 (1.6291)	15.3942** (4.7251)	24.5321** (7.7203)	-11.7873*** (2.8391)	-14.1435*** (3.7221)
邻地效应	WER	2.2397 (4.7820)	4.3276 (7.7790)	19.3733 (96.2156)	22.0674 (178.0592)	-85.0227*** (16.3084)	-140.3332*** (28.9541)
	WER^2	2.3794 (8.8441)	2.6868 (14.3733)	-635.5395 (968.9355)	-366.8971 (1833.4841)	265.0931*** (58.0628)	440.1903*** (101.7553)
	WK	-1.1943*** (0.1417)	-2.2494*** (0.2615)	1.7004* (0.8981)	0.8150 (2.0171)	0.3795 (0.3626)	0.6394 (0.6087)
	WED	2.8215*** (0.2428)	5.3432*** (0.4887)	-0.7003 (0.4774)	0.0057 (0.9597)	0.0760 (0.8439)	-0.1647 (1.3834)
	WOS	2.8582** (1.1847)	5.4705** (1.9140)	16.0947*** (3.1011)	28.2317*** (6.8619)	-2.4284 (4.0268)	-6.0495 (7.1410)
	WFDI	22.6675** (9.9279)	38.7238** (14.7638)	76.4026*** (21.5443)	145.4930*** (43.9363)	-31.1011** (12.7638)	-55.0029** (21.8876)

变量		京津冀经济圈		长三角经济圈		珠三角经济圈	
		G_tech ($\gamma=1$)	G_tech ($\gamma=0.5$)	G_tech ($\gamma=1$)	G_tech ($\gamma=0.5$)	G_tech ($\gamma=1$)	G_tech ($\gamma=0.5$)
	ρ	−0.4504 **	−1.1337 ***	−0.6788 **	−1.6209 ***	−1.7703 ***	−2.9708 ***
		(0.1873)	(0.2294)	(0.3007)	(0.4311)	(0.2915)	(0.3336)
	σ^2	0.0067 ***	0.0043 ***	0.0343 ***	0.0274 ***	0.0220 ***	0.0129 ***
		(0.0012)	(0.0007)	(0.0058)	(0.0055)	(0.0047)	(0.0030)
	N	54	54	72	72	72	72
	R^2	0.482	0.394	0.002	0.030	0.675	0.656
	er 拐点				0.0486	0.1611	0.1606
	W-er 拐点					0.1604	0.1594

注：括号内为标准误，***、**、*分别表示在1%、5%、10%的水平下显著。

表5.2 结果显示：（1）不同地区环境规制的本地清洁技术进步效应差异突出。长三角经济圈环境规制的本地效应则显示出显著的倒"U"型特征。这可能源于长三角经济圈是中国最重要和经济实力最强的经济中心之一，市场经济制度相对完善和经济实力强，相对完善和合理的环境规制政策易于激励企业积极主动地转向清洁技术。此时，适度的环境规制就能有效推动清洁技术创新。当然，清洁技术创新存在边际递减规律，过高的环境规制会反向抑制清洁技术创新的效果。珠三角经济圈与全国样本结果一致，表现出明显的"U"型趋势。不过，京津冀经济圈回归结果中环境规制二次项 ER^2 系数不显著，一次项 ER 系数显著为正，表明京津冀经济圈内环境规制与清洁技术创新并未显示出明显的"U"型关系，环境规制有效促进京津冀地区清洁技术创新。即在京津冀地区环境规制约束更强，企业清洁技术进步方向转变明显。可能的原因是，京津冀的中心北京作为首都和全国经济政治中心，地域的行政性和环境压力使其具有很强的政策带动性，政策传播及执行的辐射面较广。其相邻地区地域和政治关联性亦容易形成与北京相协同的政策规制决策，从而有效推动清洁技术进步。

（2）不同地区环境规制的邻地清洁技术进步效应表现迥异。在京津冀经济圈与长三角经济圈，环境规制的邻地技术进步效应明显有别于环境规制的本地技术进步效应，其邻地技术进步效应的一次项和二次项均不显著，反映出环境规制在京津冀和长三角地区均无明显的邻地清洁技术进步效应。这些地区的清洁技术进步主要源于自身环境规制的结果。而珠三角经济圈与本地清洁技术进步效应类似，均表现出"U"型变化特征。

在控制变量的清洁技术进步效应上，各地区经济发展水平 ED 与全国样本的结果表现出相似性，都是经济发展水平越高，其清洁技术进步效应越明显。所有制结构 OS 和外商直接投资 FDI 的"本地—邻地"清洁技术创新的作用明显有别于全国样本，主要表现出显著的正向促进作用。原因可能是，在京津冀和长三角经济圈，由于经济实力和资源环境约束，这类经济比较发达的地区，对国有资本和 FDI 可能存在正向筛选，即市场将主动选择清洁技术或清洁生产类企业和资本进入，而在经济欠发达地区（全国层面）资本对环境规制可能会出现逆向选择问题。意味着，京津冀和长三角的国有资本或 FDI 持续增长，将明显拉动本地和邻地的清洁技术进步，这些地区的国有资本和 FDI 对清洁技术进步存在正向溢出效应。

正如前述，环境规制的"本地—邻地"清洁技术进步效应差异，一方面，体现为环境规制的转变技术进步方向效果存在差异；另一方面，回归结果显示环境规制邻地效应的"U"型拐点迟于本地。同时，在不同经济圈的回归结果中，京津冀经济圈以及长三角经济圈的环境规制邻地清洁技术创新的作用皆不显著。暗示环境规制的邻地清洁技术进步效应可能存在滞后，不能使用同类模型估计环境规制的本地和邻地效应。为进一步考察环境规制的邻地清洁技术进步可能存在的跨期影响，表5.3记录了以环境规制的滞后一期作为解释变量的回归结果。

回归结果显示：（1）环境规制的本地清洁技术进步效应延时效应与当期结果不一致，即表现出反向作用效果。对比于当期的作用

表 5.3　　不同样本环境规制对清洁技术创新方向转变延时效应检验

变量	全国样本		京津冀经济圈		长三角经济圈		珠三角经济圈	
	G_tech (γ=1)	G_tech (γ=0.5)	G_tech (γ=1)	G_tech (γ=0.5)	G_tech (γ=1)	G_tech (γ=0.5)	G_tech (γ=1)	G_tech (γ=0.5)
本地效应 ER	-3.0254** (1.2063)	-4.2255** (1.4682)	0.1057 (2.0893)	-1.6201 (2.9048)	70.9288** (22.8001)	66.7456** (32.1135)	-13.6330** (4.1932)	-21.4818*** (5.6172)
ER²	5.3428* (3.1485)	7.1753* (3.6947)	1.9468 (3.5352)	4.8004 (5.0004)	-705.3166** (258.3462)	-567.2775 (367.7268)	35.8431** (15.6151)	58.9194** (20.3297)
K	0.0553** (0.0178)	0.0169 (0.0207)	-0.3121** (0.0620)	-0.5781*** (0.1119)	0.7969*** (0.2161)	0.4407 (0.4520)	0.1253 (0.0837)	0.1303 (0.1215)
ED	0.2334*** (0.0227)	0.2490*** (0.0200)	0.3454*** (0.0789)	0.9402*** (0.1599)	0.1536** (0.0605)	0.2047 (0.1607)	0.4278** (0.2081)	0.0942 (0.2894)
OS	-0.4219** (0.1318)	-0.4530*** (0.1255)	1.6819*** (0.4947)	2.3516*** (0.6985)	5.3996** (0.9472)	6.0154*** (1.6307)	0.1069 (0.0603)	-1.7979 (1.4576)
FDI	-6.0936*** (1.2825)	-7.3928** (1.3821)	-7.7074*** (1.7103)	-1.2782 (2.3762)	20.0425*** (5.9724)	29.3555** (10.7204)	-15.7746*** (3.3367)	-21.7288*** (4.7089)
邻地效应 WER	-28.3508** (9.9190)	-66.6479** (23.5691)	-11.2268 (6.0215)	-18.1078* (10.9131)	137.1529 (109.2991)	161.2368 (205.3509)	-79.3014*** (19.0736)	-137.0643*** (34.9347)
WER²	42.8747* (24.2838)	103.9090* (56.8426)	20.4906* (10.7919)	33.4494* (19.6021)	-1581.7381 (1109.4815)	-1287.1737 (2121.9092)	220.1260** (67.2399)	386.1996** (122.1982)

续表

变量		全国样本		京津冀经济圈		长三角经济圈		珠三角经济圈	
		G_tech ($\gamma=1$)	G_tech ($\gamma=0.5$)	G_tech ($\gamma=1$)	G_tech ($\gamma=0.5$)	G_tech ($\gamma=1$)	G_tech ($\gamma=0.5$)	G_tech ($\gamma=1$)	G_tech ($\gamma=0.5$)
邻地效应	WK	-0.5483*** (0.1600)	-1.5318*** (0.3841)	-1.3020*** (0.2300)	-2.4661*** (0.4949)	2.5909** (1.2081)	0.9386 (2.7185)	0.0854 (0.4141)	0.2643 (0.7303)
	WED	0.5087** (0.2057)	1.5580*** (0.4474)	2.5894*** (0.3782)	5.1814*** (0.8050)	-1.0394* (0.6198)	0.0127 (1.2817)	-0.3475 (0.9562)	-1.5088 (1.6110)
	WOS	-1.3055 (0.8540)	-3.8224* (2.0511)	4.0087** (1.8559)	6.9323** (3.2973)	21.1044*** (4.0489)	31.9893*** (8.9266)	-6.8575 (4.3631)	-16.2956** (7.8866)
	WFDI	-28.8689*** (10.3548)	-73.8477** (23.1225)	21.9391* (13.2912)	49.5432** (23.3408)	106.3165*** (31.6637)	178.6045** (65.3994)	-53.0464** (16.6102)	-100.1673*** (29.1153)
	ρ	-1.4588*** (0.2931)	-3.2693*** (0.6450)	-0.4505* (0.2300)	-0.9479** (0.3177)	-0.7588** (0.3149)	-1.7516*** (0.4469)	-1.8705*** (0.2959)	-3.0674*** (0.3523)
	σ^2	0.0827*** (0.0079)	0.0707*** (0.0076)	0.0091*** (0.0017)	0.0070*** (0.0014)	0.0333*** (0.0059)	0.0271*** (0.0057)	0.0224*** (0.0051)	0.0140*** (0.0040)
	N	240	240	48	48	64	64	64	64
	R^2	0.618	0.617	0.585	0.414	0.005	0.019	0.690	0.671

注：括号内为标准误，***、**、* 分别表示在1%、5%、10%的水平下显著。

结果，环境规制的本地清洁技术进步效应的延时性检验结果显著性有所下降，而且表现出与当期明显不同的变化特征，即此时出现"U"型关系，表明环境规制的当期效应已经完全反映其对清洁技术进步的影响，且激励本地清洁技术创新。（2）环境规制的邻地清洁技术进步效应延时性特征突出，且表现出明显的"U"型特征。结果显示，延时性结果的显著性明显提高，且与全国样本、京津冀以及珠三角经济圈样本邻地环境规制效应相似，表明邻地环境规制对本地清洁技术创新确实存在延时性类"U"型关系。

第四节　环境规制政策的"本地—邻地"清洁技术创新效应的机制检验

那么，究竟是什么原因引致不同区域环境规制的"本地—邻地"技术创新方向转变出现差异呢？尤其是为什么环境规制的邻地清洁技术进步效应会表现出延时性类"U"型特征？也就是说，环境规制通过何种传导机制，最终引发本地和邻地清洁技术进步方向转变。一些文献研究表明，区域间资源禀赋、经济发展水平的差异，往往易导致环境规制的本地技术创新效应出现非一致性，强环境规制甚至会损害落后地区的技术创新能力。暗示落后地区在发达地区采取强规制激励清洁技术创新后，往往会采取宽松政策优先发展经济，借助弱环境规制降低发达地区污染产业转移的成本，达到发达地区向落后地区污染产业梯度转移进而发展经济的目的。即环境规制是否会通过省域间污染转移尤其是就近转移（沈坤荣等，2017），损害邻地的清洁技术进步，致使邻地在特定条件下从环境规制的"搭便车"行为变成"搭黑车"。本节以污染企业资产总值①作为因变量 DI，从代表性地区对比环境规制是否通过污染产业转移，进而引发环境规制的清洁技术进步差异后果。回归结果如表 5.4 所示。

---

① 参考沈坤荣等（2017）的研究，以国务院 2006 年公布的《第一次全国污染源普查方案》中明确规定的 11 个重污染行业作为污染密集型产业。

表5.4　"本地—邻地"环境规制作用机制的空间效应检验（一）

变量		京津冀经济圈		长三角经济圈		珠三角经济圈	
		DI(γ=1)	DI(γ=0.5)	DI(γ=1)	DI(γ=0.5)	DI(γ=1)	DI(γ=0.5)
本地效应	ER	1.6288 (2.0264)	2.1045 (2.9612)	10.4449 (9.7632)	16.2638 (14.3168)	8.7466 ** (3.2844)	13.4863 ** (5.4881)
	K	0.3063 (0.1964)	0.3147 (0.3360)	−0.4224 (0.3482)	−1.7097 ** (0.7742)	0.6621 *** (0.1464)	0.8738 *** (0.2525)
	ED	−0.4848 ** (0.1732)	−0.6968 * (0.3566)	0.2294 ** (0.1041)	0.8253 ** (0.2788)	−0.7125 (0.5486)	−1.5680 (0.9635)
	OS	5.9412 *** (1.6572)	9.3678 *** (2.5963)	−7.7503 *** (1.6038)	−11.2505 *** (2.7331)	−7.3790 ** (3.0312)	−10.7970 ** (5.2406)
	FDI	24.1359 *** (5.9292)	32.8055 *** (9.8075)	−13.2635 (10.0859)	−24.8857 (16.7188)	−15.5824 * (8.9075)	−15.0922 (14.6260)
邻地效应	WER	3.1139 (6.3907)	5.9294 (12.3426)	95.0855 * (54.9449)	146.4621 (103.8477)	22.8871 * (13.3504)	54.8723 * (29.7709)
	WK	0.2194 (0.7236)	0.3934 (1.4861)	−4.4184 ** (1.9967)	−12.1442 ** (4.7398)	1.3770 * (0.7772)	2.9373 * (1.6409)
	WED	−1.5565 (1.0154)	−2.6977 (1.9999)	2.5963 ** (0.9769)	6.5302 ** (2.1711)	−6.4232 ** (2.5734)	−11.7392 ** (5.3933)
	WOS	21.4159 *** (5.9267)	39.3765 *** (11.7323)	−9.2787 (6.3128)	−32.9888 ** (14.2064)	−20.2092 * (12.1498)	−45.3905 * (27.1943)
	WFDI	72.7092 ** (36.8475)	125.1061 * (67.1563)	−38.5077 (45.2369)	−106.9690 (94.1788)	21.0403 (38.4829)	12.8018 (83.4468)
	ρ	−0.3696 (0.3000)	−0.9279 ** (0.4018)	−0.0166 (0.2748)	−0.6750 (0.4251)	0.0199 (0.2561)	−0.6671 (0.4110)
	σ²	0.1915 *** (0.0381)	0.1667 *** (0.0395)	0.1678 *** (0.0280)	0.1485 *** (0.0266)	0.2218 *** (0.0370)	0.2045 *** (0.0360)
	N	54	54	72	72	72	72
	R²	0.259	0.295	0.370	0.329	0.070	0.089

注：括号内为标准误，***、**、*分别表示在1%、5%、10%的水平下显著。

　　表5.4结果显示：（1）在三个代表性地区的本地效应中，在京津冀与长三角经济圈环境规制对本地的污染水平均未表现出显著性，暗示环境规制对本地清洁技术进步的作用，主要是正向激励企

业清洁技术创新投入转变技术进步方向，不会增加本地的污染水平。(2) 在同样的三个代表性地区中，环境规制对邻地污染水平表现出正向显著性且强度明显，尤其在长三角经济圈及珠三角经济圈，环境规制显著提高邻地的污染规模，印证了前面的推断，环境规制使企业出现就近污染转移，提高邻地的污染水平。虽然京津冀经济圈的估计结果不显著，但二者的正向关系也间接反映环境规制可能存在类似的就近转移特征。京津冀经济圈回归结果不显著的原因可能是，以北京为代表的京津冀周边地区，本身环境污染比较严重，环境监管压力和民众诉求强烈，导致这一地区环境管制政策往往以行政式命令为主，并非通过市场化方式进行。诸如，针对污染较为严重的企业，往往以取缔和关停为主。2013 年北京市经济信息化委制定《北京工业污染行业生产工艺调整退出及设备淘汰目录》，对环保不达标和违法违规企业要求关停，在 2013～2017 年期间计划关停退出污染企业 1200 家，结果使京津冀经济圈污染企业跨区域转移不明显。

为进一步反映这种污染产业转移的变化趋势，在回归变量中加入时间哑变量，用以描述污染产业跨区域或就近转移的时间特征，结果如图 5.3 所示。数据显示：(1) 从全国样本来看，污染跨区域或就近转移呈现逐年下降的趋势。在全国层面污染跨区域或就近转移下降，主要原因可能在于，一方面，污染企业迁入地随着经济发展水平的提高，对环境质量的要求也在不断提高，承接污染企业的意愿与需求都将降低（沈坤荣等，2017）；另一方面，经济发展水平的提高以及清洁技术进步，社会对环境问题引发的诉求愈发强烈，同时由于污染累积使环境承载力有限，迫使各地开始持续重视清洁技术和绿色产业，尤其鼓励迁入绿色产业和发展可持续经济，绿色产业的发展也逐渐对污染产业形成挤压，缩小污染企业转移利润。此外，随着产业技术升级，污染产业从跨省或就近转移开始转向直接淘汰，亦是污染企业转移程度减弱的重要原因。(2) 不同地区污染产业跨区域或就近转移趋势差异明显。正如前述，这种污染产业转移特征受制于该地区经济发展阶段和经济体制。其中，与全国层面的趋势类似，长三角及珠三角经济圈污染企业转移程度出现不同程度的下降，近些年有一定程度的反弹。不过，由于政治经济中心及本身该地区比较严重的环境污染问题，京津冀地区经济圈污染产业转移存在明显的波动式上升趋势，近些年表现出下降态势。

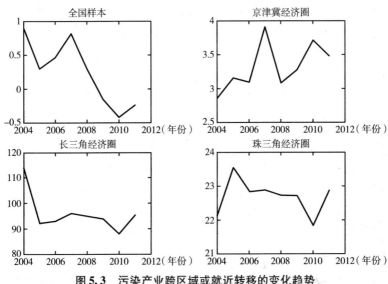

图 5.3 污染产业跨区域或就近转移的变化趋势

可以看出，环境规制确实诱发污染产业跨区或就近转移，致使邻近或相对落后地区大量承接污染性产业转移后，为保经济增长可能引发该地区环境规制下降，或者是由于传统产业转移和规模扩张，传统非清洁技术创新市场优势不断固化，进而对清洁技术进步形成冲击。

问题是，污染产业跨区域或就近转移表现出持续下降态势，是否意味着环境规制的邻地清洁技术进步效应不断减弱？通常一个地区是否实施环境规制以及规制强度如何，直接受制于该地区的污染水平和污染强度。为此，本书在回归分析中引入环境规制与污染产业规模（在此以 DI 表征）的交互项，检验环境规制和污染产业规模的影响，结果如表 5.5 所示。同时图 5.4 进一步呈现环境规制与污染产业规模交互项系数的时间趋势。

表 5.5　"本地—邻地"环境规制作用机制的空间效应检验（二）

变量	全国样本		京津冀经济圈		长三角经济圈		珠三角经济圈	
	G_tech (γ=1)	G_tech (γ=0.5)	G_tech (γ=1)	G_tech (γ=0.5)	G_tech (γ=1)	G_tech (γ=0.5)	G_tech (γ=1)	G_tech (γ=0.5)
本地效应 ER	15.2995** (5.0087)	17.9483** (6.5839)	4.7230* (2.8850)	0.3530 (4.4767)	384.4001** (175.8294)	576.9358** (204.2955)	-7.2503** (2.9076)	-10.4337* (5.4154)
ER^2	8.5683** (2.9610)	10.2915*** (5.2291)	-3.5967 (2.7750)	0.0511 (5.2707)	-776.6559** (470.6856)	-677.0728 (462.7463)	53.4520** (20.8391)	79.5497** (25.6515)
$ER \times DI$	-2.2572*** (0.6115)	-2.6862** (0.8167)	-0.1055 (0.3467)	0.2596 (0.5776)	-34.9497** (15.6069)	-57.6758** (19.3649)	-0.5163** (0.2560)	-0.7821** (0.2431)
DI	0.3147*** (0.0674)	0.3278*** (0.0752)	0.0030 (0.0748)	-0.1920 (0.1764)	1.8301** (0.8285)	3.1292** (1.0217)	-0.0548** (0.0259)	-0.0549** (0.0224)
K	0.0310* (0.0164)	0.0021 (0.0281)	-0.1651 (0.1335)	-0.5205*** (0.0837)	0.5759*** (0.1072)	0.2046 (0.2644)	0.2530** (0.1138)	0.2902* (0.1731)
ED	0.2017*** (0.0216)	0.2103*** (0.0362)	0.4890*** (0.0669)	1.0148*** (0.1362)	0.1584*** (0.0207)	0.2120** (0.1024)	0.4304 (0.4041)	0.1943 (0.4933)
OS	-0.1359 (0.1341)	-0.1614 (0.1679)	1.7517*** (0.3009)	1.8575*** (0.6876)	3.5787*** (0.6482)	3.7780*** (1.0870)	0.2735 (1.9920)	-0.9089 (2.4775)
FDI	-4.2307*** (1.0899)	-4.8225* (2.5316)	1.0081 (2.5692)	-2.2880 (2.7204)	13.8568*** (3.8765)	21.7180*** (6.0732)	-12.8647*** (3.4005)	-15.8409*** (4.4283)

续表

变量		全国样本		京津冀经济圈		长三角经济圈		珠三角经济圈	
		G_tech (γ=1)	G_tech (γ=0.5)	G_tech (γ=1)	G_tech (γ=0.5)	G_tech (γ=1)	G_tech (γ=0.5)	G_tech (γ=1)	G_tech (γ=0.5)
邻地效应	WER	87.0421** (41.3225)	174.8880 (118.3569)	20.1899 (13.9277)	-19.4258 (23.0539)	1402.5104** (528.0528)	2852.5734** (868.2576)	-46.3963** (22.3310)	-71.2137* (40.0445)
	WER^2	56.5249** (22.2379)	117.3308 (87.3537)	-18.5726* (10.6658)	6.3282 (25.9416)	-830.6143 (1249.5996)	-865.7037 (2044.7646)	283.5808*** (65.2992)	483.7993*** (113.7859)
	WER×DI	-13.7544** (5.0042)	-27.9468* (14.8175)	-0.5637 (1.4447)	2.5499 (3.4364)	-155.3519** (56.5389)	-317.6375*** (93.8777)	-2.3402** (1.0391)	-4.3606** (1.3720)
	WDI	0.7683* (0.4538)	1.2454 (1.2837)	-0.0256 (0.5842)	-1.5664 (1.0674)	8.8453** (3.0602)	18.8997*** (5.4114)	-0.1155 (0.1596)	-0.1777 (0.2543)
	WK	-0.4098** (0.1441)	-1.1210** (0.5158)	-0.0416 (0.4678)	-2.2186*** (0.3308)	1.3357** (0.6039)	-0.6352 (1.8573)	0.6612 (0.6690)	1.1395 (1.1417)
	WED	0.3152* (0.1851)	1.1170 (0.7425)	2.6927*** (0.2758)	5.4548*** (0.7563)	-0.6837* (0.3506)	0.2449 (0.8927)	-0.3644 (1.7093)	-0.9637 (2.6030)
	WOS	-1.0650 (0.8196)	-3.5287 (2.7202)	3.1695* (1.6474)	3.1296 (3.9036)	12.9491*** (3.3847)	21.3058** (6.7006)	-4.5275 (7.0839)	-10.1087 (11.9173)
	WFDI	-17.6506** (8.1850)	-46.6049** (21.7589)	48.1370** (17.6870)	24.7931 (23.1073)	69.5760*** (20.4642)	131.3546*** (35.1629)	-35.2772** (16.0891)	-64.1155** (26.4748)

续表

变量	全国样本 G_tech (γ=1)	全国样本 G_tech (γ=0.5)	京津冀经济圈 G_tech (γ=1)	京津冀经济圈 G_tech (γ=0.5)	长三角经济圈 G_tech (γ=1)	长三角经济圈 G_tech (γ=0.5)	珠三角经济圈 G_tech (γ=1)	珠三角经济圈 G_tech (γ=0.5)
ρ	-1.4818*** (0.2719)	-3.2590*** (0.7568)	-0.5518** (0.1968)	-1.1328*** (0.3207)	-0.8589** (0.3233)	-1.9256*** (0.3949)	-1.9016*** (0.1427)	-3.1001*** (0.1956)
σ^2	0.0721*** (0.0066)	0.0619*** (0.0183)	0.0040*** (0.0007)	0.0040*** (0.0005)	0.0268** (0.0099)	0.0192** (0.0065)	0.0180** (0.0075)	0.0115** (0.0053)
N	270	270	54	54	72	72	72	72
R^2	0.630	0.621	0.400	0.414	0.192	0.142	0.668	0.635

注：括号内为标准误，***、**、*分别表示在1%、5%、10%的水平下显著。

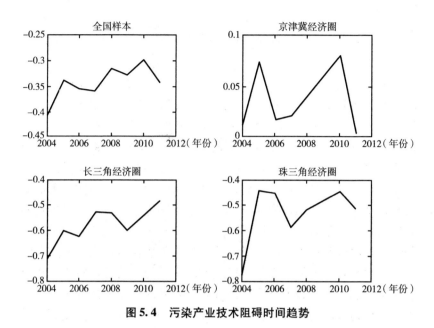

图5.4　污染产业技术阻碍时间趋势

表5.5结果显示：（1）在本地的清洁技术进步效应中，加入污染产业后的回归结果与无污染产业变量时的结果基本无差异，环境规制确实在初期并未推动清洁技术进步，甚至明显抑制清洁技术创新。环境规制和污染产业交互项系数为负且显著，说明环境规制在初期抑制本地的清洁技术创新，可能是由于污染产业环境规制引发成本提升降低经济增长，进而引发清洁技术创新投入下降所导致。（2）在邻地的清洁技术进步效应中，环境规制与污染产业规模交互项系数显著为负。这表明，污染产业跨区域或就近转移，明显抑制邻地的清洁技术进步。（3）从分样本来看，本地与邻地效应中的环境规制系数皆有所提升，也印证污染产业规模对环境规制的创新激励存在阻碍效应。同时，ER×DI及WER×DI除京津冀经济圈以外皆显著为负，表明环境规制对清洁技术创新的影响，随着污染产业规模的增加而不断强化。综上，这些结论印证环境规制引发污染产业跨区域或就近转移，可能是环境规制引发清洁技术进步出现邻地效应的主要原因。

第五节　本章小结

本章利用中国 30 个省（区、市）的数据构建空间面板计量经济模型，检验中国环境规制的本地—邻地清洁技术创新效应及其时间特征，验证本地—邻地环境规制的清洁技术进步效应的作用机理。结果发现：（1）环境规制的本地清洁技术进步效应表现出"U"型特征，受制于环境规制自身门槛效应的影响。也就是说，当环境规制低于某一临界值时，环境规制会加重企业负担，无法有效激励企业开展清洁研发创新。当环境规制跨越门槛后，环境规制和清洁技术创新将会出现相容发展。（2）环境规制的邻地清洁技术创新表现出延时性类"U"型关系。暗示环境规制在现有的产业结构下，尤其是传统粗放型经济模式下，相邻地区的清洁技术进步存在相互抑制，清洁技术进步跨区域并没有表现出正向的技术扩散效果，一个地区的清洁技术创新能力显著抑制另一地区尤其是邻地的清洁技术创造能力，清洁技术创新没有出现协同效应。（3）不同区域坏境规制的清洁技术进步效应差异显著。以代表性地区检验结果发现，京津冀、长三角和珠三角环境规制效果明显不同。同时，环境规制引致污染产业跨区域或就近转移呈现逐年下滑趋势，而且环境规制的邻地清洁技术进步效应主要通过污染产业转移方式实现。

第六章

研发补贴政策、技术创新与环境质量：
汽车行业的经验分析

第一节　理论模型

假设1　一个完全竞争的汽车产品部门，最终产品Y_t由新能源汽车部门 C 和石化燃料汽车部门 N 生产，Y_{ct}代表新能源汽车产品部门产出，Y_{Nt}代表石化燃料汽车部门产出，汽车行业总产能Y_t采用固定替代弹性的 CES 生产函数表示：

$$Y_t = (Y_{ct}^{\frac{\varepsilon-1}{\varepsilon}} + Y_{Nt}^{\frac{\varepsilon-1}{\varepsilon}})^{\frac{\varepsilon}{\varepsilon-1}} \qquad (6-1)$$

其中，$\varepsilon(\varepsilon > 0)$表示新能源汽车与石化燃料汽车之间的相互替代关系。

假设2　两个产品部门均投入劳动与蕴含前沿技术的资本品进行生产，生产函数如下所示。

$$Y_{ct} = A_{ct}^{1-\alpha}L_{ct}^{1-\alpha}\int_0^1 B_{cit}^{\alpha}m_{cit}^{\alpha}di, \quad Y_{Nt} = A_{Nt}^{1-\alpha}L_{Nt}^{1-\alpha}\int_0^1 B_{Nit}^{\alpha}m_{Nit}^{\alpha}di \qquad (6-2)$$

其中，$\alpha \in (0,1)$，L_{ct}与L_{Nt}分别为新能源汽车与石化燃料汽车部门的劳动投入量，总劳动规模为L_t，满足$L_{Nt} + L_{ct} = L_t$。A_{ct}与A_{Nt}分别代表两部门的劳动生产效率。m_{cit}代表新能源部门中 i 企业所使用的资本品或机器数量；m_{Nit} 代表石化燃料部门中 i 企业的机器使用数量。由于技术进步最终表现为产品技术效率的提升，即技术效率的变化可以表征部门的技术水平，为此，将新能源汽车生产部门机器的技术效率 B_{cit} 用来表征清洁技术。清洁技术 B_{cit} 的提升将降低新能源汽车价格而引致新能源汽车需求增长，形成对石化燃料汽车的替代，降低汽车对环境的污染排放。同理，定义石化燃料汽车的机器技术效率 B_{Nit} 表征非清洁技术。

对于生产部门 j，其利润最大化问题为：

$$\max_{\lceil L_{jt}, m_{jit} \rceil} P_{jt} A_{jt}^{1-\alpha} L_{jt}^{1-\alpha} \int_0^1 B_{jit}^{\alpha} m_{jit}^{\alpha} di - W_{jt} L_{jt} - \int_0^1 P_{jit} m_{jit} di$$

其中，P_{jt} 为 Y_{jt} 的价格，P_{jit} 为 m_{jit} 的价格，W_{jt} 为产品生产部门劳动力的价格。上式对 L_{jt} 和 m_{jit} 求偏导，整理得到：

$$W_{jt} = (1-\alpha) P_{jt} A_{jt}^{1-\alpha} L_{jt}^{-\alpha} \int_0^1 B_{jit}^{\alpha} m_{jit}^{\alpha} di, P_{jit} = \alpha P_{jt} A_{jt}^{1-\alpha} L_{jt}^{1-\alpha} B_{jit}^{\alpha} m_{jit}^{\alpha-1}$$

生产汽车的机器由垄断竞争厂商生产，参考罗默（Romer，1990）和巴罗（Barro，1997）的设定，假设机器生产商生产一单位的机器需投入一单位产品，则其利润最大化目标函数为：

$$\max_{m_{jit}} [P_{jit} m_{jit} - P_{jt} m_{jit}]$$

根据利润最大化条件整理可得：

$$m_{jit} = \alpha^{\frac{2}{1-\alpha}} L_{jt} A_{jt} B_{jit}^{\frac{\alpha}{1-\alpha}}$$

进而可得其最大化利润：

$$\pi_{jit} = P_{jt}(1-\alpha) \alpha^{\frac{1+\alpha}{1-\alpha}} L_{jt} A_{jt} B_{jit}^{\frac{\alpha}{1-\alpha}}, \text{ 其中，} B_{jt}^{\frac{\alpha}{1-\alpha}} = \int_0^1 B_{jit}^{\frac{\alpha}{1-\alpha}} di$$

整理可得：

$$Y_{jt} = \alpha^{\frac{2\alpha}{1-\alpha}} L_{jt} A_{jt} B_{jt}^{\frac{\alpha}{1-\alpha}} = \alpha^{\frac{2\alpha}{1-\alpha}} L_{jt} q_{jt} \qquad (6-3)$$

其中，$q_{jt} = A_{jt}B_{jt}^{\frac{\alpha}{1-\alpha}}$，代表部门 j 的技术水平。

技术创新过程设定为：

$$\begin{cases} q_{Nt} = (1+\mu_N)A_{Nt-1}((1+u\,\varphi_N)B_{Nt-1})^{\frac{\alpha}{1-\alpha}} = q_{Nt-1}((1+\mu_N)(1+u\,\varphi_N))^{\frac{\alpha}{1-\alpha}}) \\ q_{ct} = (1+\mu_c)A_{ct-1}((1+s\,\varphi_c)B_{ct-1})^{\frac{\alpha}{1-\alpha}} = q_{ct-1}((1+\mu_c)(1+s\,\varphi_c))^{\frac{\alpha}{1-\alpha}}) \end{cases}$$

$$(6-4)$$

其中，μ_N 为 A_{Nt} 的技术进步率；φ_N 为 B_{Nt} 的技术进步率；u 为政府针对非清洁技术的补贴参数；μ_c 为 A_{ct} 的技术进步率；φ_c 为 B_{ct} 的技术进步率；s 为政府清洁技术的补贴参数。

假设3　消费者购买石化燃料汽车产品同时需要购买相应的燃料，由此每生产一单位汽车产品将带来一定量污染排放。新能源汽车使用电力以及新型燃料皆不产生污染，只有石化燃料汽车的使用才会产生污染，产品生产和使用越多对环境的负外部性越大，环境质量越差。环境质量 Q_t 由 t 期新增污染量 F_t 和 t − 1 期污染存量 S_{t-1} 所决定，环境质量 Q_t、当期污染 F_t、污染存量 S_{t-1} 分别满足：

$$Q_t = S_t^{\gamma};\ S_t = (1-\delta)S_{t-1} + F_t$$

其中，$0 < \delta < 1$ 为自然状态下环境的自我修复能力参数；γ 为污染水平与环境质量之间的转化参数，$\gamma < 0$。t 期新增污染量 F_t 主要来自石化燃料汽车使用产生的污染。

参考董直庆等（2014）的研究，设定新增污染量 F_t 为：

$$F_t = \frac{Y_{Nt}}{B_{Nt}^{\rho}} = \alpha^{\frac{2\alpha}{1-\alpha}} L_{Nt} A_{Nt} B_{Nt}^{(\frac{\alpha}{1-\alpha}-\rho)}$$

可知环境质量的累积方程为：

$$Q_t = ((1-\delta)S_{t-1} + \alpha^{\frac{2\alpha}{1-\alpha}} L_{Nt} A_{Nt} B_{Nt}^{(\frac{\alpha}{1-\alpha}-\rho)})^{\gamma} \qquad (6-5)$$

可得①：

$$Q_t = \left((1-\delta)S_{t-1} + \alpha^{\frac{2\alpha}{1-\alpha}} \frac{A_{Nt}{}^{\varepsilon} B_{Nt}^{(\frac{\alpha\varepsilon}{1-\alpha}-\rho)}}{(A_{Nt}B_{Nt}^{\frac{\alpha}{1-\alpha}})^{\varepsilon-1} + (A_{ct}B_{ct}^{\frac{\alpha}{1-\alpha}})^{\varepsilon-1}} L_t \right)^{\gamma}$$

$$(6-6)$$

其中，参数 $\rho = \dfrac{B_{Nt}}{A_{Nt}}$ 表征非清洁技术对环境的直接效应，即通过提高技术效率来提升能源利用效率，从而降低污染排放。$\dfrac{\alpha}{1-\alpha}$ 表征非清洁技术的间接作用，即通过提高非清洁汽车的产量，增加非清洁能源的使用，导致污染排放的增加。$\left(\dfrac{\alpha}{1-\alpha}-\rho\right)$ 为非清洁技术对环境的净效应。

推论1　环境质量 Q_t 取决于污染水平 S_{t-1}、清洁部门劳动效率 A_{ct}、清洁技术 B_{ct}、非清洁部门劳动效率 A_{Nt} 和非清洁技术 B_{Nt}，环境质量 Q_t 与 S_{t-1} 和 A_{Nt} 作用反向而与 A_{ct} 和 B_{ct} 作用正向。$\left(\dfrac{\alpha}{1-\alpha}-\rho\right)$ 符号

---

① 根据部门生产函数的 CES 函数特征和竞争性市场结构，部门的产品价格等于边际产出价值，则新能源汽车与石化燃料汽车部门产出关系满足：$\dfrac{Y_{ct}}{Y_{Nt}} = \left(\dfrac{P_{Nt}}{P_{ct}}\right)^{\varepsilon}$。分别将两部门最优产量 $Y_{Nt} = \alpha^{\frac{2\alpha}{1-\alpha}} L_{Nt} q_{Nt}$ 和 $Y_{ct} = \alpha^{\frac{2\alpha}{1-\alpha}} L_{ct} q_{ct}$ 代入上式，可得：$\dfrac{L_{ct}q_{ct}}{L_{Nt}q_{Nt}} = \left(\dfrac{P_{Nt}}{P_{ct}}\right)^{\varepsilon}$。假定劳动要素市场可自由流动，不同部门间劳动要素的边际产品价值相等，由此可得：$(1-\alpha)p_{ct}A_{ct}^{1-\alpha}L_{ct}^{-\alpha}\int_0^1 B_{cit}^{\alpha}m_{cit}^{\alpha}di = (1-\alpha)p_{Nt}A_{Nt}^{1-\alpha}L_{Nt}^{-\alpha}\int_0^1 B_{Nit}^{\alpha}m_{Nit}^{\alpha}di$ 代入两部门机器最优产量 $m_{Nit} = \alpha^{\frac{2}{1-\alpha}}L_{Nt}A_{Nt}B_{Nit}^{\frac{\alpha}{1-\alpha}}$ 和 $m_{cit} = \alpha^{\frac{2}{1-\alpha}}L_{ct}A_{ct}B_{cit}^{\frac{\alpha}{1-\alpha}}$，可得：$\dfrac{P_{ct}}{P_{Nt}} = \dfrac{q_{Nt}}{q_{ct}}$。由此行业间劳动力比值关系满足：$\dfrac{L_{ct}}{L_{Nt}} = \left(\dfrac{q_{ct}}{q_{Nt}}\right)^{\varepsilon-1}$。由 $L_{Nt} + L_{ct} = L_t$，可得：$L_{Nt} = \dfrac{q_{Nt}^{\varepsilon-1}}{q_{Nt}^{\varepsilon-1} + q_{ct}^{\varepsilon-1}}L_t$；$L_{ct} = \dfrac{q_{ct}^{\varepsilon-1}}{q_{Nt}^{\varepsilon-1} + q_{ct}^{\varepsilon-1}}L_t$。

决定环境质量Q_t与B_{Nt}关系，若$\dfrac{\alpha}{1-\alpha}-\rho<0$，则非清洁技术将降低环境质量呈现负向效应；若$\dfrac{\alpha}{1-\alpha}-\rho>0$，则非清洁技术作用正向；若$\dfrac{\alpha}{1-\alpha}-\rho=0$，则非清洁技术保持中性。

在式（6-4）~式（6-6）描述的系统内，L_{jt}的投入强度取决于q_{jt}，其中，q_{Nt}为非清洁技术B_{Nt}及其补贴强度 u 的函数，q_{ct}为清洁技术B_{ct}及其补贴强度 s 的函数。

依据前述，可得非清洁技术B_{Nt}对环境质量Q_t的作用效应：

$$\frac{\partial Q_t}{\partial B_{Nt}}=\gamma S_t^{\gamma-1}B_{Nt}^{-\frac{B_{Nt}}{A_{Nt}}}\left(\frac{\partial Y_{Nt}}{\partial B_{Nt}}+Y_{Nt}\left(-\frac{1}{A_{Nt}}\ln B_{Nt}-\frac{1}{A_{Nt}}\right)\right)$$

$$=\gamma S_t^{\gamma-1}\alpha^{\frac{2\alpha}{1-\alpha}}A_{Nt}B_{Nt}^{\left(\frac{\alpha}{1-\alpha}-\frac{B_{Nt}}{A_{Nt}}\right)}\left(\frac{\partial L_{Nt}}{\partial B_{Nt}}+L_{Nt}\left(\frac{\alpha}{1-\alpha}\frac{1}{B_{Nt}}-\frac{1}{A_{Nt}}\ln B_{Nt}-\frac{1}{A_{Nt}}\right)\right)$$

其中，$\dfrac{\partial L_{Nt}}{\partial B_{Nt}}=\dfrac{(\varepsilon-1)q_{Nt}^{\varepsilon-2}q_{ct}^{\varepsilon-1}}{(q_{Nt}^{\varepsilon-1}+q_{ct}^{\varepsilon-1})^2}\dfrac{\alpha}{1-\alpha}A_{Nt}B_{Nt}^{\frac{2\alpha-1}{1-\alpha}}L_t$，$\dfrac{\partial Y_{Nt}}{\partial B_{Nt}}=\alpha^{\frac{2\alpha}{1-\alpha}}$

$A_{Nt}\left(\dfrac{\partial L_{Nt}}{\partial B_{Nt}}B_{Nt}^{\frac{\alpha}{1-\alpha}}+\dfrac{\alpha}{1-\alpha}L_{Nt}B_{Nt}^{\frac{2\alpha-1}{1-\alpha}}\right)$。

可知，B_{Nt}对环境质量的作用效应有二：一是B_{Nt}的直接环境质量效应，这类效应表现出倒"U"型特征。令 $M=\dfrac{\alpha}{1-\alpha}\dfrac{1}{B_{Nt}}-\dfrac{1}{A_{Nt}}$

$\ln B_{Nt}-\dfrac{1}{A_{Nt}}$，则 M 为$B_{Nt}$的减函数。由于 $\gamma<0$，可知若初始时刻B_{Nt0}使 M>0 时，则B_{Nt}增长将降低环境质量。由于 M 为减函数，可知提高非清洁技术B_{Nt}对环境质量的边际效应将不断减弱。当B_{Nt}达到某一临界值后使 M<0，此时B_{Nt}对环境质量的作用由负转正，此时非清洁技术B_{Nt}通过技术效率提升环境质量的效果，将超过非清洁技术汽车使用引致的污染量，清洁技术创新对环境的净影响将持续为正。若初始时刻B_{Nt}已使 M<0，初期B_{Nt}对环境就表现出能源节约效应，其对环境质量作用始终为正。二是B_{Nt}通过改变石化燃料汽

车的需求间接影响环境质量，其作用效应取决于产品替代弹性。当 $\varepsilon>1$ 时，石化燃料汽车与新能源汽车呈现替代关系，$\dfrac{\partial Y_{Nt}}{\partial B_{Nt}}>0$，非清洁技术 B_{Nt} 的提高增大石化燃料汽车 Y_{Nt} 的产量，增加污染排放恶化环境质量；当 $\varepsilon<1$ 时，两者呈现互补关系，$\dfrac{\partial Y_{Nt}}{\partial B_{Nt}}$ 的方向不确定。非清洁技术 B_{Nt} 对环境质量的最终作用效应，取决于直接和间接净效应叠加。

对于清洁技术：

$$\frac{\partial Q_t}{\partial B_{ct}}=\gamma S_t^{\gamma-1}B_{Nt}^{-\frac{B_{Nt}}{A_{Nt}}}\frac{\partial Y_{Nt}}{\partial B_{ct}}$$

$$=-\gamma S_t^{\gamma-1}\alpha^{\frac{2\alpha}{1-\alpha}}A_{Nt}B_{Nt}^{\left(\frac{\alpha}{1-\alpha}-\frac{B_{Nt}}{A_{Nt}}\right)}\frac{(\varepsilon-1)q_{Nt}^{\varepsilon-1}q_{ct}^{\varepsilon-2}}{(q_{Nt}^{\varepsilon-1}+q_{ct}^{\varepsilon-1})^2}\frac{\alpha}{1-\alpha}A_{ct}B_{ct}^{\frac{2\alpha-1}{1-\alpha}}L_t$$

可知 B_{ct} 对环境的影响取决于产品替代弹性，当 $\varepsilon>1$ 时，石化燃料汽车与新能源汽车呈现替代关系，$\dfrac{\partial Y_{Nt}}{\partial B_{ct}}<0$，清洁技术 B_{ct} 的提高降低石化燃料汽车 Y_{Nt} 的产量，减少污染排放改善环境质量；当 $\varepsilon<1$ 时，两者呈现互补关系，$\dfrac{\partial Y_{Nt}}{\partial B_{ct}}>0$，清洁技术 B_{ct} 的提高增大石化燃料汽车 Y_{Nt} 的产量，增加污染排放恶化环境质量。

推论2　非清洁技术对环境质量的作用存在双重性，在仅存在单一非清洁技术环境中，环境质量能否改善受制于替代弹性和转化参数。而在清洁和非清洁技术并存的环境中，清洁技术对环境质量的作用并非一定占优，技术创新方向和偏向强度决定环境质量。

此外，非清洁技术补贴强度 u 对环境质量的作用效应为：

$$\frac{\partial Q_t}{\partial u}=\gamma S_t^{\gamma-1}B_{Nt}^{-\frac{B_{Nt}}{A_{Nt}}}\frac{\partial Y_{Nt}}{\partial u}+\gamma S_t^{\gamma-1}B_{Nt}^{-\frac{B_{Nt}}{A_{Nt}}}Y_{Nt}\left(-\frac{1}{A_{Nt}}\ln B_{Nt}-\frac{1}{A_{Nt}}\right)\frac{\partial B_{Nt}}{\partial u}$$

其中，$\dfrac{\partial B_{Nt}}{\partial u}=\varphi_N B_{Nt-1}$，$\dfrac{\partial Y_{Nt}}{\partial u}=\alpha^{\frac{2\alpha}{1-\alpha}}A_{Nt}B_{Nt}^{\frac{\alpha}{1-\alpha}}\dfrac{\partial L_{Nt}}{\partial u}+\dfrac{\alpha}{1-\alpha}\alpha^{\frac{2\alpha}{1-\alpha}}A_{Nt}L_{Nt}$

$B_{Nt}^{\frac{2\alpha-1}{1-\alpha}} \frac{\partial B_{Nt}}{\partial u}$。

非清洁技术补贴强度 u 对环境质量的影响可分为两部分：第一，补贴强度 u 改变非清洁技术水平 B_{Nt}。由 $\frac{\partial B_{Nt}}{\partial u} = \varphi_N B_{Nt-1} > 0$ 可知，补贴强度 u 能够提升非清洁技术 B_{Nt}，提高石化燃料汽车净污技术的研发激励将提高环境质量。第二，补贴强度 u 改变石化燃料汽车产量。u 对石化燃料汽车产量的影响取决于产品替代弹性 ε，当 $\varepsilon > 1$ 时，石化燃料汽车与新能源汽车呈现替代关系 $\frac{\partial Y_{Nt}}{\partial B_{Nt}} > 0$，政府补贴强度 u 的提高增加石化燃料汽车 Y_{Nt} 的产量，提高污染排放恶化环境质量；当 $\varepsilon < 1$ 时，石化燃料汽车与新能源汽车呈现互补关系，$\frac{\partial Y_{Nt}}{\partial B_{Nt}}$ 的方向不确定。

同理，清洁技术补贴 s 对环境质量的影响为：

$$\frac{\partial Q_t}{\partial s} = \gamma S_t^{\gamma-1} B_{Nt}^{-\frac{B_{Nt}}{A_{Nt}}} \frac{\partial Y_{Nt}}{\partial s}$$

$$= -\gamma S_t^{\gamma-1} \alpha^{\frac{2\alpha}{1-\alpha}} A_{Nt} B_{Nt}^{\left(\frac{\alpha}{1-\alpha} - \frac{B_{Nt}}{A_{Nt}}\right)} \frac{(\varepsilon-1) q_{Nt}^{\varepsilon-1} q_{ct}^{\varepsilon-2}}{(q_{Nt}^{\varepsilon-1} + q_{ct}^{\varepsilon-1})^2} \frac{\alpha}{1-\alpha} A_{ct} B_{ct}^{\frac{2\alpha-1}{1-\alpha}} \varphi_c B_{ct-1} L_t$$

补贴强度 s 通过改变 Y_{Nt} 的需求影响环境质量。补贴强度 s 改变清洁技术水平 B_{ct}，而且补贴强度 s 能够提升清洁技术 B_{ct} 提高环境质量。若两类汽车间存在不同的替代关系，当 $\varepsilon > 1$ 时，两类汽车呈现相互替代关系，$\frac{\partial Y_{Nt}}{\partial s} < 0$，政府补贴强度 s 的提高能够有效降低对 Y_{Nt} 的需求，降低石化燃料汽车 Y_{Nt} 产量，减少污染排放改善环境质量；当 $\varepsilon < 1$ 时，石化燃料汽车与新能源汽车呈现互补关系，$\frac{\partial Y_{Nt}}{\partial s} > 0$，政府补贴强度 s 的提高能够增加 Y_{Nt} 产量恶化环境质量。

推论 3 不同性质研发补贴政策对环境质量的作用，受产出弹

性 α、替代弹性 ε 以及 ρ 的影响。清洁研发补贴 s 通过改变清洁技术水平改变不同类型产品产量提升环境质量，而非清洁研发补贴 u 对环境作用方向不确定，其对环境质量的最终效果取决于直接与间接净效应。

第二节　参数校准、数值模拟结果与评价

本书采用 2011～2014 年的汽车行业数据，计算新能源汽车和石化燃料汽车的技术水平。依据理论模型可知，需要先行设定要素投入份额 α、替代弹性 ε、参数 δ、转换参数 γ 等。对于生产函数参数要素投入份额 α 的设定，依据阿西莫格鲁（Acemoglu，2012）、白重恩（2009）以及董直庆（2014）等的研究，取 α = 1/3。对于部门产品替代弹性 ε 的设定，参考阿洪（Aghion，2016）关于汽车行业的研究，取部门间产品替代弹性 ε 值为 3。全国范围内各省份机动车国四排放标准实施时间不一致，本书根据国三与国五排放标准的实施间隔及其实施中单车减排能力的规定计算非清洁技术水平。其中，国三与国五排放标准全国实施时间分别为 2007 年 7 月 1 日和 2017 年 7 月 1 日。根据《促进汽车动力电池产业发展行动方案》规定的电池单体比能量水平计算新能源汽车清洁技术水平，电池单体比能量越高，能耗越低。对于参数 δ 值，本书根据中国民用汽车保有量以及当期产销量数据，求解汽车保有量的增加值以及汽车报废水平，求得其值为 0.03864。转换参数 γ，本书将其设定为 -0.2（转换参数的设定不影响模拟结果）。新能源汽车和石化燃料汽车部门的总体技术进步指标根据式（6-3）分别求得。

本书通过数值模拟演绎异质性研发补贴、技术进步方向和环境质量的演化趋势。由于各部门技术进步率为正，但技术进步率总体呈下滑趋势。故本书进行数值模拟时，综合新能源汽车市场的预期估计，将不同类型技术进步率初始值设定为：石化燃料汽

车行业技术进步率为 0.031，非清洁技术进步率为 0.075，新能源汽车行业技术进步率为 0.300，清洁技术进步率为 0.1068，汽车行业劳动投入增长率为 0.030。通常技术创新伴随技术水平提高困难加大，设定技术进步率在初始值的基础上，以每年 10% 的速率下降。数值模拟基期（t = 0）设定为 2014 年（以 2014 年真实数据为准）。补贴参数 u 和 s 初始值设定为 1，表示不存在政府补贴。

　　为更清晰观测清洁与非清洁技术对环境质量的影响，表 6.1 中报告环境质量演化趋势的同时，列出清洁与非清洁技术的数值变化特征。数据结果显示如下。

表 6.1　　清洁与非清洁技术和环境质量的变化趋势（s = 1，u = 1）

t	B_{ct}	B_{Nt}	B_{ct}/B_{Nt}	Q_t	t	B_{ct}	B_{Nt}	B_{ct}/B_{Nt}	Q_t
1	2.2523	4.1925	0.5372	0.1542	11	4.1274	6.4415	0.6408	0.1440
2	2.4688	4.4755	0.5516	0.1518	12	4.2657	6.5931	0.6470	0.1440
3	2.6824	4.7474	0.5650	0.1498	13	4.3944	6.7327	0.6527	0.1442
4	2.8913	5.0069	0.5774	0.1482	14	4.5137	6.8611	0.6579	0.1444
5	3.0938	5.2533	0.5889	0.1470	15	4.6240	6.9788	0.6626	0.1447
6	3.2890	5.4860	0.5995	0.1460	16	4.7257	7.0866	0.6668	0.1450
7	3.4756	5.7046	0.6093	0.1452	17	4.8192	7.1850	0.6707	0.1454
8	3.6532	5.9093	0.6182	0.1447	18	4.9050	7.2749	0.6742	0.1458
9	3.8211	6.1001	0.6264	0.1443	19	4.9837	7.3568	0.6774	0.1463
10	3.9792	6.2773	0.6339	0.1441	20	5.0555	7.4313	0.6803	0.1468

　　（1）初始设置下，环境质量在前 12 年会保持下降趋势，由初期的 0.1542 降至第 12 年的 0.1440，自 13 年之后环境质量开始回升。

　　（2）清洁与非清洁技术水平 B_{ct} 和 B_{Nt} 皆呈现逐步上升趋势，清洁技术增速明显，但由于初始环境下非清洁技术占优，20年之后非清洁技术B_{Nt}依然大于清洁技术B_{ct}。图6.1～图6.6为环境质量Q_t、清洁与非清洁技术B_{ct}和B_{Nt}以及B_{ct}/B_{Nt}的演化过程。可以看到初始设置$s=u=1$时，Q_t表现出正"U"型变化趋势。前12年环境质量不断恶化，直到第12年之后环境质量才开始改善。

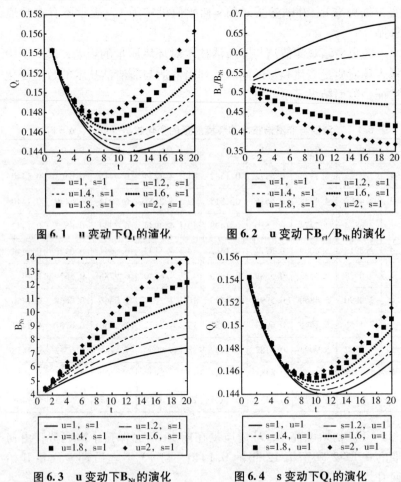

图6.1　u变动下Q_t的演化　　　图6.2　u变动下B_{ct}/B_{Nt}的演化

图6.3　u变动下B_{Nt}的演化　　　图6.4　s变动下Q_t的演化

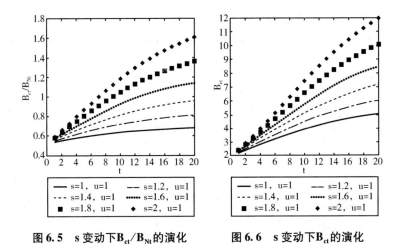

图 6.5　s 变动下 B_{ct}/B_{Nt} 的演化　　图 6.6　s 变动下 B_{ct} 的演化

图 6.1～图 6.3 分别为非清洁研发补贴 u 以 0.2 为变动区间，由 1 变动到 2 时，环境质量 Q_t、相对技术水平 B_{ct}/B_{Nt} 以及 B_{Nt} 的演化过程。当 s = 1 时，非清洁研发补贴 u 由 1 逐次变动到 2 时，相对于无研发补贴，非清洁技术 B_{Nt} 显著提升，相对技术水平 B_{ct}/B_{Nt} 由升转降，环境质量下降幅度减弱，持续下降时间缩短，环境质量 "U" 型拐点提前。在保持中国现有的汽车生产结构和模式情况下，仅通过非清洁研发补贴就可以对环境质量恶化起到抑制作用。图 6.4～图 6.6 分别为清洁研发补贴 s 以 0.2 为变动区间，由 1 变动到 2 时，环境质量 Q_t、相对技术水平 B_{ct}/B_{Nt} 以及 B_{ct} 的演化过程。当 u = 1 时，s 由 1 等比例逐次变动到 2 时，图 6.4 环境质量 Q_t 的演化过程与图 6.1 中演化过程大体趋势相同。随着清洁技术补贴 s 的提高，相较于初始状态下，环境质量下降幅度减弱，下降时间缩短，环境质量 "U" 型拐点提前，环境质量改善。图 6.1 与图 6.6 表明，无论是采取哪一种类型的技术研发补贴，皆能有效提升部门技术进步水平，对提升环境质量具有显著的作用。

为更清晰对比研发补贴 u 与 s 对环境质量的影响差异，图 6.7 和图 6.8 分别呈现 u 与 s 同比例变动到 1.5 和 2 时环境质量和相对技术水平B_{ct}/B_{Nt}的演化过程。

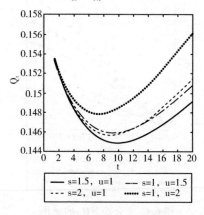

图 6.7　u 与 s 同比例变动下
Q_t的演化

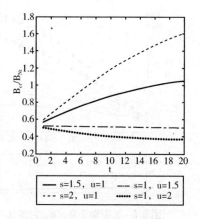

图 6.8　u 与 s 同比例变动下
B_{ct}/B_{Nt}的演化

通过图 6.7 的演化结果，不难发现：（1）当 u 与 s 分别变动为 1.5 时，非清洁研发补贴对环境质量的改善作用略优于清洁研发补贴，但随着二者补贴强度由 1.5 提升至 2 时，非清洁研发补贴的优势开始显现，其对环境质量的改善程度远优于清洁研发补贴所带来环境质量的改善。（2）若持续加大补贴强度，结合图 6.5、图 6.6 和图 6.8 的结果，清洁研发补贴推动其技术水平B_{ct}大幅提升，短时间内将超越非清洁技术B_{Nt}。但二者在同等补贴强度下，清洁研发所带来的环境质量改善程度依然弱于非清洁研发补贴。原因在于，相较于新能源汽车，石化燃料汽车市场需求庞大，且部门净污技术的提高能够大规模降低其污染排放。

为清晰对比，本书在表 6.2 中分别列出 u 与 s 分别变动为 2 时环境质量Q_t、清洁与非清洁技术B_{ct}和B_{Nt}以及B_{ct}/B_{Nt}的模拟值。模拟结果显示，当 u 与 s 分别同比例增大到 2 时，非清洁研发补贴 u 的增大所带来的环境质量改善程度优于清洁研发补贴所带来环境质量的改善。

表6.2　　u 与 s 分别变动为 2 时清洁与非清洁技术和环境质量的变化过程

t	s = 2，u = 1				s = 1，u = 2			
	B_{ct}	B_{Nt}	B_{ct}/B_{Nt}	Q_t	B_{ct}	B_{Nt}	B_{ct}/B_{Nt}	Q_t
1	2.4697	4.1925	0.5891	0.1542	2.2523	4.4850	0.5022	0.1544
2	2.9444	4.4755	0.6579	0.1519	2.4688	5.0905	0.4850	0.1522
3	3.4539	4.7474	0.7275	0.1500	2.6824	5.7090	0.4699	0.1505
4	3.9917	5.0069	0.7972	0.1485	2.8913	6.3332	0.4565	0.1494
5	4.5511	5.2533	0.8663	0.1474	3.0938	6.9565	0.4447	0.1486
6	5.1251	5.4860	0.9342	0.1466	3.2890	7.5727	0.4343	0.1481
7	5.7069	5.7046	1.0004	0.1461	3.4756	8.1764	0.4251	0.1479
8	6.2900	5.9093	1.0644	0.1458	3.6532	8.7630	0.4169	0.1479
9	6.8683	6.1001	1.1259	0.1457	3.8211	9.3288	0.4096	0.1481
10	7.4367	6.2773	1.1847	0.1458	3.9792	9.8709	0.4031	0.1484
11	7.9906	6.4415	1.2405	0.1460	4.1274	10.3872	0.3974	0.1489
12	8.5262	6.5931	1.2932	0.1464	4.2657	10.8761	0.3922	0.1495
13	9.0405	6.7327	1.3428	0.1468	4.3944	11.3369	0.3876	0.1502
14	9.5314	6.8611	1.3892	0.1473	4.5137	11.7691	0.3835	0.1509
15	9.9971	6.9788	1.4325	0.1479	4.6240	12.1730	0.3799	0.1517
16	10.4368	7.0866	1.4728	0.1486	4.7257	12.5489	0.3766	0.1525
17	10.8499	7.1850	1.5101	0.1493	4.8192	12.8977	0.3736	0.1534
18	11.2364	7.2749	1.5445	0.1500	4.9050	13.2204	0.3710	0.1543
19	11.5966	7.3568	1.5763	0.1507	4.9837	13.5180	0.3687	0.1553
20	11.9312	7.4313	1.6055	0.1515	5.0555	13.7920	0.3666	0.1563

图 6.9~图 6.12 呈现补贴 u 与 s 共同变动的影响，其中，图 6.9 和图 6.10 分别是 u 固定为 1.5 和 2，s 以 0.2 为变动区间由 1 变动到 2 时环境质量的演化过程，图 6.11 和图 6.12 则呈现 s 固定为 1.5 和 2，u 以 0.2 为变动区间由 1 变动到 2 时环境质量的演化过程。结果显示：（1）随着 s 的不断提高，环境质量下降幅度减弱，持续下降时间缩短且环境拐点提前。且当 u 取值固定为 2 时，环境质量的改善幅度优于 u 取值固定为 1.5 时的情况，表明不同类型研发补贴联合提升对环境质量的改善程度优于单一研发补贴。（2）图 6.9 与图 6.10 的对比结果同时显示，当初始 u 取值为 2 时，s 同比例变动的情况下对环境质量的改善增进幅度弱于初始 u 取值为 1.5 时对于环境质量的改善，表明较高比率非清洁研发补贴下，增加清洁研发投入的作用效果较弱。（3）图 6.11 和图 6.12 与图 6.9 和图 6.10 中演化过程大体趋势相同。但图 6.11 与图 6.12 的对比结果同时显示，初始 s 取值为 1.5 和 2 时，u 同比例变动的情况下对环境质量改善的增进幅度没有明显变化。表明高强度清洁研发补贴下增加非清洁研发投入依然能够有效改善环境质量。

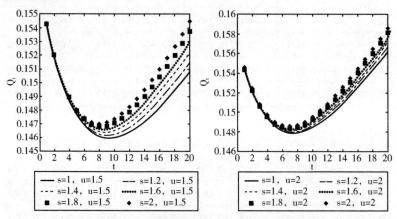

图 6.9　u = 1.5 时，s 变动下 Q_t 的演化　图 6.10　u = 2 时，s 变动下 Q_t 的演化

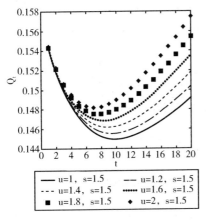

图 6.11　s = 1.5 时，u 变动下
Q_t 的演化

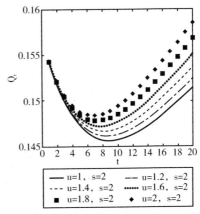

图 6.12　s = 2 时，u 变动下
Q_t 的演化

图 6.13 ~ 图 6.16 呈现 s 与 u 连续变动下环境质量变化的三维动态过程。图 6.13 为固定 s = 1 时 u 连续变动下 Q_t 的三维演化趋势。图 6.14 为固定 s = 2 时 u 连续变动下 Q_t 的三维演化趋势。图 6.13 与图 6.14 皆为右前向增进型图像，随时间以及补贴强度的提升环境质量状况不断改善，图 6.13 控制 s = 1 不变时，u 逐渐由 1 增大到 2，环境质量改善程度加速，图 6.14 控制 s = 2 不变时，u 逐渐由 1 增大到 2，环境质量曲线沿 u 增进方向迅速提升，环境质量改善加速。图 6.15 为固定 u = 1 时 s 连续变动下 Q_t 的三维演化趋势。图 6.16 为固定 u = 2 时 s 连续变动下 Q_t 的三维演化趋势。图 6.16 中控制 u = 2 不变，s 逐渐由 1 增大到 2，环境质量曲线沿 s 增进方向平缓增大，表明当控制非清洁研发补贴不变的情况下，清洁研发补贴对环境质量的改善有限。在环境质量收敛过程中，对比图 6.14 和图 6.16，控制 s = 2 时，u 不断变化引起的环境质量的演化曲面一直处于控制 u = 2 时，s 不断变化引起的环境质量的演化曲面的下方，表明选择一味偏向于发展新能源汽车的政府补贴政策会带来一定时间的环境福利损失。

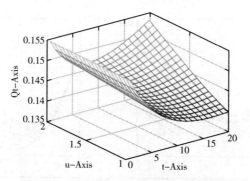

图 6.13　s = 1 时，u 连续变动下 Q$_t$ 演化图

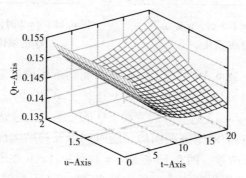

图 6.14　s = 2 时，u 连续变动下 Q$_t$ 演化图

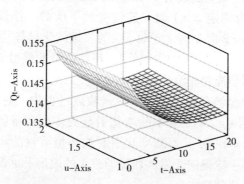

图 6.15　u = 1 时，s 连续变动下 Q$_t$ 演化图

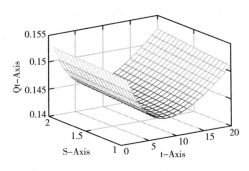

图 6.16　u = 2 时，s 连续变动下 Q_t 演化图

当前新能源汽车尚属于发展的起步阶段，截至 2016 年，中国新能源汽车产销量尚不足汽车市场的 2%，自由市场条件下，新能源汽车无法在短时间内实现对石化燃料汽车的替代，石化燃料汽车仍将占据汽车消费市场的主要位置，随着其保有量的不断上升，环境质量将在一定时间内处于不断恶化状态。模拟结果显示，在以石化燃料汽车为主体的当下，相较于对新能源汽车行业的研发补贴，对石化燃料汽车行业进行研发补贴更有利于环境质量的改善。

第三节　本章小结

在阿洪（Aghion，2016）研究思路的基础上，放松非清洁技术与环境质量对立关系的假定，构建一个两部门技术进步方向模型，将异质性研发补贴引入生产函数，数理演绎不同类型研发补贴政策和技术进步对环境质量的影响。结合中国汽车行业的产销及劳动力投入数据对所构建的两部门模型进行数值模拟，分析不同性质研发补贴对环境质量作用的动态过程，对当前汽车行业发展背景下，如何实现环境治理提供有效的政策性思路。结果发现：（1）环境质量改善可以通过提高清洁技术和控制石化燃料汽车行业的发展规模实现，清洁技术对环境质量具有直接作用，能够有效控制环境质量恶化，非清洁技术在不同环境约束下对环境质量的作用方向并不确定，但在特定条件下非清洁技术的减排效应优于增产效应时，其可以有效改善环境质量。（2）不同性质研发补贴皆能有效改善环境质量，但在石化燃料汽车占优的市场环境中，同等程度非清洁研发补贴对环境质量的改善效果更优，且双重补贴对环境质量的改善程度优于单一类型补贴。

第七章

环境政策、技术创新方向与
环境质量：城市土地视角的分析

第一节　理论模型

赫尔德等（Hourcade et al.，2011）认为，阿西莫格鲁等（Acemoglu et al.，2012）虽已开展环境质量和技术进步方向的内生化理论分析，但阿西莫格鲁等（2012）的环境技术进步方向模型存在明显不足，尤其是其模型的政策效果过于依赖参数值，若参数值选择不同则政策效果不唯一，更是无法支持政策短期效率论。同时，当模型参数取更接近现实的真实值时，模型环境质量的改善效果推断无法得到支持。在国内，就我们阅读所及，技术进步方向研究尚处于起步阶段，现有研究主要集中于生产要素视角，戴天仕等（2010）、王林辉等（2012）、董直庆等（2013）和董等（Dong et al.，2013）利用全国和省际面板数据检验，发现在 1978～2010 年期间我国技术进步明显偏向于资本，并朝愈加偏向于资本的方向发展。一些涉及环境质量和技术进步关系的文献，又更多地从环境全要素生产率的视角展开（王兵等，2010；陈诗一，2010；匡远凤和彭代彦，2012）。由于环境污染更多来自城市工业生产和居民生活，现阶段我国又正大力推进城镇化改革，如果能够判断城市用地规模与环境和经济增长的关系，对经济改革将具有指导作用。为此，本书借鉴阿西莫格鲁等（2012）的环境技术进步方向模型，依据奇尼斯基等（Chichilnisky et al.，1995）判定"绿色黄金法则"过程中效用函数的构建思想，将家庭效用设为消费和环境质量的函数，通过两部门模型演绎技术进步、城市用地规模与环境质量的作用关系。本节的主要思路是引进用地类型约束，将技术进步方向、城市用地规模和环境质量耦合于一个模型框架内，考察不同技术进步路径下城市用地和环境质量的变化方向。本节在发展阿西莫格鲁等（2012）环境技术进步方向模型的同时，分析不同技术进步路径和城市用地规模对环境质量可能存在的影响，结合环境质量和清洁技术强度的变化特征，数值模拟出不同技术进步方向下城市用地规模和我国环境质量的变化趋势，力求从技术进步方向视角选择适宜的技术进步路径改善环境，既弥补我国技术进步方向领域研究的不足，又为我国污染治理提供新思路。

假设 1　一国经济拥有劳动力与土地两类生产要素以及城市和农村两大部门，土地除供给城市和农村部门生产使用外，剩余部分作为绿地或自然用地使用。最终产品 Y_t 由城市部门 Z 和农村部门 N 生产，分别用城市产品 Y_{Zt} 和农村产品 Y_{Nt} 表示，其中，城市产品 Y_{Zt} 又可分为清洁产品 Y_{ct} 和非清洁产品 Y_{dt}。利用固定替代弹性的 CES 生产函数描述产出过程为：

$$Y_t = \left[\gamma Y_{Zt}^{\frac{\varepsilon-1}{\varepsilon}} + (1-\gamma) Y_{Nt}^{\frac{\varepsilon-1}{\varepsilon}}\right]^{\frac{\varepsilon}{\varepsilon-1}} = \left[\gamma \left(Y_{ct} + Y_{dt}\right)^{\frac{\varepsilon-1}{\varepsilon}} + (1-\gamma) Y_{Nt}^{\frac{\varepsilon-1}{\varepsilon}}\right]^{\frac{\varepsilon}{\varepsilon-1}}$$

$$(7-1)$$

其中，ε 为 Y_{Zt} 与 Y_{Nt} 的替代弹性，且 $\varepsilon > 0$。

假设 2　农村产品 Y_{Nt}、城市清洁产品 Y_{ct} 和非清洁产品 Y_{dt}，均由劳动、技术和相应的中间产品投入进行生产，其生产函数满足如下形式：

$$Y_{Nt} = L_{Nt}^{1-\alpha} \int_0^1 A_{Nit}^{1-\alpha} m_{Nit}^{\alpha} di ; \quad Y_{ct} = L_{Zt}^{1-\alpha} \int_0^1 A_{cit}^{1-\alpha} m_{cit}^{\alpha} di ; \quad Y_{dt} = L_{Zt}^{1-\alpha} \int_0^1 A_{dit}^{1-\alpha} m_{dit}^{\alpha} di$$

$$(7-2)$$

其中，$\alpha \in (0,1)$，L_{Zt} 与 L_{Nt} 为城市和农村部门所使用的劳动数量，总劳动规模为 $\overline{L}_t$，$L_{Zt} + L_{Nt} = \overline{L}_t$。$m_{Nit}$ 代表农村部门中 i 企业使用的中间产品数量；m_{cit} 代表城市部门中清洁部门 i 企业的中间产品数量；m_{dit} 代表城市部门中非清洁部门 i 企业的中间产品数量。为简化分析假定中间产品是土地要素的函数 $m_{jit} = F(T_{jit})$，并令二者呈线性 $m_{jit} = T_{jit}$，$j \in \{N, c, d\}$；A_{jit} 为相应企业的生产技术。记：

$$T_{Nt} = \int_0^1 T_{Nit} di ; T_{Zt} = T_{ct} + T_{dt} = \int_0^1 T_{cit} di + \int_0^1 T_{dit} di ;$$

$$A_{jt} = \int_0^1 A_{jit} di, j \in \{N, c, d\}$$

假设 3　农村部门生产的产品对环境没有污染，城市部门的非清洁产品生产将污染环境，而城市部门生产的清洁产品对环境没有污染，且存在外溢效应，即对生产非清洁产品造成的污染有一定的净化作用。同时，在既定时期内经济体可使用的土地数量存在上限，令 $T_{Zt} + T_{Nt} \leq \overline{T}$，剩余土地（$\overline{T} - T_{Zt} - T_{Nt}$）视为绿地或自然用地，对环境起一定净化作用。通常农村部门生产的 Y_{Nt} 对环境影响有限，主要是城市非清洁产出 Y_{dt} 降低了环境质量。

假设 4　代表性家庭拥有土地和劳动力两类要素，其家庭效用由消费和环境质量决定。

$$U_t = u(C_t, Q_t)$$

其中，C_t 为 t 时刻的家庭消费；Q_t 为 t 时刻的环境质量，$Q_t \in (0,1)$。u 函数是 C_t 和 Q_t 的增函数且满足拟凹性质，将效用函数设为如下形式：

$$U_t = \frac{(\ln(C_t) f^\eta(Q_t))^{1-\sigma}}{1-\sigma}, \text{其中}, f(Q) = \frac{Q^\psi - \psi Q}{1-\psi}$$

由于模型不考虑资本，也就意味着当期产出全部用于消费 $C_t = Y_t$。

假设5 绿地或自然用地对环境具有净化能力，假设环境质量 Q_t 满足如下递推方程。

$$Q_t = Q_{t-1} - W_t(Y_{dt}, A_{ct}) + \mu(\bar{T}_t - T_{Zt} - T_{Nt}) \qquad (7-3)$$

其中，W_t 为 t 期总污染，是城市的非清洁产出 Y_{dt} 与清洁技术 A_{ct} 的函数；$\mu > 0$，为非生产性用地如绿地对环境的净化力。上式说明环境质量受三部分影响：一是上期的环境质量水平；二是城市生产非清洁产品产生的污染；三是非生产用地即绿地或自然用地的环境净化能力。一般非生产用地如绿地对环境的净化能力取决于土地本身的性质，其对环境的作用较为稳定，在此令其为定值。

当城市和农村部门用地外生或不变时，环境质量的变化 $\dot{Q}$ 显然完全取决于污染量，依据清洁和非清洁技术的定义，此时清洁技术 A_{ct} 与非清洁技术 A_{dt} 的作用可由下式表示：

$$\frac{\partial \dot{Q}}{\partial A_{ct}} = -\frac{\partial W}{\partial A_{ct}} > 0; \frac{\partial \dot{Q}}{\partial A_{dt}} = -\frac{\partial W}{\partial Y_{dt}} \frac{\partial Y_{dt}}{\partial A_{dt}} < 0$$

推论1 在城市用地与农村用地完全外生给定时，t 期的新增污染量完全取决于城市部门清洁与非清洁技术的水平，其中，清洁技术可以在促进经济增长的同时降低污染水平，改善环境质量，而非清洁技术增加经济产出的同时也产生污染，对环境质量存在负向影响。

那么，在均衡时，最终产品生产的利润最大化一阶条件为：

$$p_{jt} = p_t \frac{\partial Y_t}{\partial Y_{jt}}, j \in \{Z, N\}$$

其中，p_{jt} 为 j 部门产品 Y_{jt} 的价格，p_t 为最终产品 Y_t 的价格。将最终产品的生产函数代入，令 $p_t = 1$，可得农村和城市部门产品价格关系：

$$p_{Nt} = (1 - \gamma) \gamma^{-1} \left(\frac{Y_{Nt}}{Y_{Zt}} \right)^{-\frac{1}{\varepsilon}} p_{Zt}$$

对于 N 部门，生产企业的利润最大化问题为：

$$\max_{\lceil L_{Nt}, x_{Nit} \rfloor} \left\{ p_{Nt} L_{Nt}^{1-\alpha} \int_0^1 A_{Nit}^{1-\alpha} m_{Nit}^{\alpha} di - \omega_{Nt} L_{Nt} - \int_0^1 p_{Nit} m_{Nit} di \right\}$$

其中，p_{Nit} 为中间产品 m_{Nit} 的价格，上式对 L_{Nt} 和 m_{Nit} 求偏导，整理可得：

$$p_{Nit} = \alpha p_{Nt} L_{Nt}^{1-\alpha} A_{Nit}^{1-\alpha} m_{Nit}^{\alpha-1} ; \omega_{Nt} = (1 - \alpha) p_{Nt} L_{Nt}^{-\alpha} \int_0^1 A_{Nit}^{1-\alpha} m_{Nit}^{\alpha} di$$

对于生产中间产品 m_{Nit} 的企业 i 而言，其利润最大化问题为：

$$\max_{T_{Nit}} \left\{ p_{Nit} m_{Nit} - \varphi_{Nit} T_{Nit} \right\}$$

利用最大化利润条件，整理可得：

$$p_{Nit} = \alpha^{-1} \varphi_{Nit}$$

若土地要素在同一部门内使用的边际成本相同，令 $\varphi_{Nit} = \varphi_{Nt}$，则有：

$$T_{Nit} = \left(\alpha^2 \frac{p_{Nt}}{\varphi_{Nt}} \right)^{\frac{1}{1-\alpha}} L_{Nt} A_{Nit}$$

上式右边与 i 有关的只有 A_{Nit} 一项，表明 i 企业对土地的需求仅与生产技术 A_{Nit} 有关。此时，企业的最大化利润为：

$$\pi_{Nit} = (1 - \alpha) \alpha^{\frac{1+\alpha}{1-\alpha}} \varphi^{\frac{\alpha}{\alpha-1}} p_{Nt}^{\frac{1}{1-\alpha}} L_{Nt} A_{Nit}$$

进一步推导可得 N 部门的产出：

$$Y_{Nt} = A_{Nt}^{1-\alpha} L_{Nt}^{1-\alpha} T_{Nt}^{\alpha} \qquad (7-4)$$

对于 Z 部门，生产中间产品的利润最大化问题为：

$$\max_{\lceil L_{Zt}, x_{cit}, x_{dit} \rfloor} \left\{ p_{Zt} L_{Zt}^{1-\alpha} \left[\int_0^1 A_{cit}^{1-\alpha} m_{cit}^{\alpha} di + \int_0^1 A_{dit}^{1-\alpha} m_{dit}^{\alpha} di \right] - \omega_{Zt} L_{Zt} - \right.$$

$$\left. \int_0^1 p_{cit} m_{cit} di - \int_0^1 p_{dit} m_{dit} di \right\}$$

其中，p_{cit} 和 p_{dit} 为中间产品 m_{cit} 和 m_{dit} 的价格。上式对 L_{Nt}、m_{cit} 和 m_{dit} 求偏导，其一阶条件为：

$$p_{cit} = \alpha p_{Zt} L_{Zt}^{1-\alpha} A_{cit}^{1-\alpha} m_{cit}^{\alpha-1}; p_{dit} = \alpha p_{Zt} L_{Zt}^{1-\alpha} A_{dit}^{1-\alpha} m_{dit}^{\alpha-1}$$

$$\omega_{Zt} = (1-\alpha) p_{Zt} L_{Zt}^{-\alpha} \left[\int_0^1 A_{cit}^{1-\alpha} m_{cit}^{\alpha} di + \int_0^1 A_{dit}^{1-\alpha} m_{dit}^{\alpha} di \right]$$

令城市部门内使用土地的边际成本相同 $\varphi_{cit} = \varphi_{dit} = \varphi_{Zt}$，此时有：

$$T_{cit} = \left(\alpha^2 \frac{p_{Zt}}{\varphi_{Zt}} \right)^{\frac{1}{1-\alpha}} L_{Zt} A_{cit}; T_{dit} = \left(\alpha^2 \frac{p_{Zt}}{\varphi_{Zt}} \right)^{\frac{1}{1-\alpha}} L_{Zt} A_{dit}$$

城市部门用地规模与其技术水平直接相关，或者说，在既定的技术水平下，企业产出水平的提高可以通过扩大要素使用规模的方式进行，即产品生产的规模越大则土地需求越多。

此时，在均衡状态下：

$$Y_{ct} = L_{Zt}^{1-\alpha} A_{ct}^{1-\alpha} T_{ct}^{\alpha}; Y_{dt} = L_{Zt}^{1-\alpha} A_{dt}^{1-\alpha} T_{dt}^{\alpha}; Y_{Zt} = L_{Zt}^{1-\alpha} A_{Zt}^{1-\alpha} T_{Zt}^{\alpha} \qquad (7-5)$$

若在竞争环境中不同部门间的劳动工资无差异，则：

$$1 = \frac{\omega_{Nt}}{\omega_{Zt}} = \frac{p_{Nt}}{p_{Zt}} \left(\frac{L_{Nt}}{L_{Zt}} \right)^{-\alpha} \left(\frac{A_{Nt}}{A_{Zt}} \right)^{1-\alpha} \left(\frac{T_{Nt}}{T_{Zt}} \right)^{\alpha}; \frac{L_{Nt}}{L_{Zt}} = \left(\frac{p_{Nt}}{p_{Zt}} \right)^{\frac{1}{\alpha}} \left(\frac{A_{Nt}}{A_{Zt}} \right)^{\frac{1-\alpha}{\alpha}} \left(\frac{T_{Nt}}{T_{Zt}} \right)$$

将上式代入式（7-5），整理可得：

$$\frac{Y_{Nt}}{Y_{Zt}} = \left(\frac{p_{Nt}}{p_{Zt}} \right)^{\frac{1-\alpha}{\alpha}} \left(\frac{A_{Nt}}{A_{Zt}} \right)^{\frac{1-\alpha}{\alpha}} \frac{T_{Nt}}{T_{Zt}} = \left(\frac{p_{Nt}}{p_{Zt}} \right)^{-\varepsilon} \left(\frac{1-\gamma}{\gamma} \right)^{\varepsilon}$$

令 $\theta = (1-\alpha)(1-\varepsilon)$，由上式可知：

$$\frac{p_{Nt}}{p_{Zt}} = \left(\frac{A_{Nt}}{A_{Zt}}\right)^{\frac{\alpha-1}{\theta+\varepsilon}} \left(\frac{T_{Nt}}{T_{Zt}}\right)^{\frac{-\alpha}{\theta+\varepsilon}} \left(\frac{1-\gamma}{\gamma}\right)^{\frac{\alpha\varepsilon}{\theta+\varepsilon}} \qquad (7-6)$$

记 $\kappa = \left(\dfrac{A_{Nt}}{A_{Zt}}\right)^{\frac{\alpha-1}{\theta+\varepsilon}} \left(\dfrac{T_{Nt}}{T_{Zt}}\right)^{\frac{-\alpha}{\theta+\varepsilon}}$，$\nu = \left(\dfrac{1-\gamma}{\gamma}\right)^{\frac{\varepsilon}{\theta+\varepsilon}}$，此时有：

$$\frac{p_{Nt}}{p_{Zt}} = \kappa\nu^{\alpha}; \frac{L_{Nt}}{L_{Zt}} = \kappa^{1-\varepsilon}\nu$$

进一步推导，可得：

$$p_{Nt} = \frac{\gamma^{\frac{\varepsilon}{\varepsilon-1}}\kappa\nu^{\alpha}}{(1+\kappa^{1-\varepsilon}\nu)^{\frac{1}{1-\varepsilon}}}; p_{Zt} = \frac{\gamma^{\frac{\varepsilon}{\varepsilon-1}}}{(1+\kappa^{1-\varepsilon}\nu)^{\frac{1}{1-\varepsilon}}};$$

$$L_{Nt} = \frac{\kappa^{1-\varepsilon}\nu}{1+\kappa^{1-\varepsilon}\nu}\bar{L}_t; L_{Zt} = \frac{1}{1+\kappa^{1-\varepsilon}\nu}\bar{L}_t \qquad (7-7)$$

整理可得部门和整体经济的均衡产出为：

$$Y_{Nt}^* = \left(\frac{\kappa^{1-\varepsilon}\nu}{1+\kappa^{1-\varepsilon}\nu}\right)^{1-\alpha} A_{Nt}^{1-\alpha}T_{Nt}^{\alpha}\bar{L}_t^{1-\alpha}; Y_{Zt}^* = \left(\frac{1}{1+\kappa^{1-\varepsilon}\nu}\right)^{1-\alpha} A_{Zt}^{1-\alpha}T_{Zt}^{\alpha}\bar{L}_t^{1-\alpha}$$

$$Y_{ct}^* = \left(\frac{1}{1+\kappa^{1-\varepsilon}\nu}\right)^{1-\alpha} A_{ct}^{1-\alpha}T_{ct}^{\alpha}\bar{L}_t^{1-\alpha}; Y_{dt}^* = \left(\frac{1}{1+\kappa^{1-\varepsilon}\nu}\right)^{1-\alpha} A_{dt}^{1-\alpha}T_{dt}^{\alpha}\bar{L}_t^{1-\alpha}$$

$$Y_t^* = (\gamma^{\frac{\varepsilon}{\theta+\varepsilon}}(A_{Zt}^{1-\alpha}T_{Zt}^{\alpha})^{\frac{\varepsilon-1}{\theta+\varepsilon}} + (1-\gamma)^{\frac{\varepsilon}{\theta+\varepsilon}}(A_{Nt}^{1-\alpha}T_{Nt}^{\alpha})^{\frac{\varepsilon-1}{\theta+\varepsilon}})^{\frac{\theta+\varepsilon}{\varepsilon-1}}\bar{L}_t^{1-\alpha}$$

$$(7-8)$$

上式表明，在整个生产过程中，总产出、产品价格和劳动投入，都可以通过部门技术进步 Λ_{jt}、土地投入规模 T_{jt}、总劳动 $\bar{L}_t$ 以及参数集 $\{\alpha, \varepsilon, \gamma\}$ 来描述。

代表性家庭供给生产要素获取收入，通过消费实现最大化效用：

$$\max_{\lceil L_{Nt}, L_{Zt}, T_{Nt}, T_{ct}, T_{dt}\rfloor} \{u_t(Y_t, Q_t)\}$$

由于城市部门清洁产品生产所需的土地 T_{ct} 与非清洁产品生

产所需的土地 T_{dt} 的使用比例由清洁技术水平决定，另外，式（7-7）意味着在总劳动供给一定的情况下，城市与农村部门对劳动的需求可由两部门对土地的需求确定。则当劳动力市场和土地市场同时出清时，均衡劳动供给由土地供给决定，此时代表性家庭选择最优的劳动供给量实现效用最大化问题，等价于城市用地 T_{Zt} 和农村用地 T_{Nt} 的优化问题，这时家庭最优化效用的一阶条件为：

$$\frac{\partial u_t}{\partial T_{jt}} = \frac{\partial u_t}{\partial Y_t} \frac{\partial Y_t}{\partial T_{jt}} + \frac{\partial u_t}{\partial Q_t} \frac{\partial Q_t}{\partial T_{jt}} = 0, j \in \{Z, N\} \qquad (7-9)$$

上式可以理解为，投入土地提高产出对消费的正效用，与土地投入生产增加污染降低环境质量的负效用相等。在具体计算前，需要对总污染 W_t 的具体形式进行设定，假设 $W_t = \beta_0 A_{ct}^{-\tau\rho} Y_{dt}$，其中，$A_{ct}^{-\tau\rho}$ 代表清洁技术对非清洁产出的净化能力，$\tau > 0$ 为表征清洁技术净化能力的参数，$\rho = A_{ct}/A_{Zt} = A_{ct}/(A_{ct} + A_{dt})$，表征清洁技术的比重或清洁产出占城市总产出的份额。A_{ct} 越大，污染强度就越小，为方便计算，将 W_t 表示为 Y_{Zt} 的函数：

$$W_t = \beta_t Y_{Zt}, \beta_t = \beta_0 (1-\rho)(\rho)^{-\tau\rho} A_{Zt}^{-\tau\rho} = \beta_0 (1-\hat{\rho}/\tau)(\hat{\rho}/\tau)^{-\hat{\rho}} A_{Zt}^{-\hat{\rho}}$$

此处 β_t 表征城市总产出的污染强度，β_t 随 A_{Zt} 的升高而下降。令 $\hat{\rho} = \tau\rho$，即 $\hat{\rho}$ 为城市清洁技术占比 ρ 的线性函数，表征 β_t 清洁技术对环境的作用强度。

由于城市和农村不同类型的技术进步可以通过改变土地的性质，进行不同性质产品的生产，进而对环境产生影响，则土地对环境的作用效应可以由下式表示：

$$\frac{\partial Q_t}{\partial T_{Nt}} = -\beta_t \frac{\partial Y_{Zt}}{\partial T_{Nt}} - \mu = -\mu - \beta_t \frac{1}{T_{Nt}} \frac{\alpha A_{Zt}^{1-\alpha} T_{Zt}^{\alpha} \bar{L}_t^{1-\alpha}}{(1+\kappa^{1-\varepsilon}\nu)^{1-\alpha}} \frac{\theta}{\theta+\varepsilon} \frac{\kappa^{1-\varepsilon}\nu}{1+\kappa^{1-\varepsilon}\nu}$$

$$(7-10)$$

$$\frac{\partial Q_t}{\partial T_{Zt}} = -\beta_t \frac{\partial Y_{Zt}}{\partial T_{Zt}} - \mu = -\mu - \beta_t \frac{\alpha A_{Zt}^{1-\alpha} T_{Zt}^{\alpha-1} \bar{L}_t^{1-\alpha}}{(1+\kappa^{1-\varepsilon}\nu)^{1-\alpha}} \left(1 - \frac{\theta}{\theta+\varepsilon} \frac{\kappa^{1-\varepsilon}\nu}{1+\kappa^{1-\varepsilon}\nu}\right)$$

$$(7-11)$$

可知，土地对环境的影响具有双重效应：一是生产用地的投入，使可用于净化空气的绿地减少，降低绿地对环境的净化力；二是土地投入城市部门用于生产，会加重对环境的污染而降低环境质量。上式表明，城市用地对环境质量的作用存在负向效应。

那么，在相关约束下环境质量对城市用地规模的制约，改善环境是否一定需要城市经济发展停滞甚至衰退呢？再次观察上式，可知在既定的技术水平下，城市用地对环境质量的负向作用很大程度上依赖于 β_t。如果 β_t 很小，那么扩大城市用地对环境质量的负面影响较小。或者，环境或绿地的净化能力可以抵消城市产出对环境的污染，此时，环境质量的改善和城市用地规模扩张可以相容。如果 β_t 较大，环境或绿地无法净化当期增加的污染，为遏制环境质量恶化，城市部门只能选择降低产出或减缓经济增长速度。可见，β_t 值可以反映环境对城市经济的制约程度。分析表明，若经济产出高污染时，受制于环境的约束，只有控制城市用地和经济产出规模才能改善环境质量；而当经济产出低污染时，环境净化力强于产出污染能力，此时环境质量、城市用地和经济产出可实现同步发展。

将式（7-7）、式（7-10）和式（7-11）代入式（7-9）可得关于土地 T_{jt} 的方程组，当 $\{\alpha, \varepsilon, \gamma, \eta, \mu, \beta_t\}$、$\{A_{zt}, A_{Nt}, \bar{L}_t\}$ 和 Q_{t-1} 为给定时，可以解出 t 期两种要素市场都均衡时的土地投入规模，即将式（7-7）、式（7-9）和式（7-11）组成一个系统，可以看出 T_{jt} 是 A_{jt} 的隐函数。由于模型均衡解的形式比较复杂，很难直接得到 T_{jt} 的解析表达式。但是，由于技术进步的类型决定土地的使用性质及二者的作用关系，通过隐函数求导，可得环境质量 Q 与清洁技术的作用关系：

$$\frac{\partial \dot{Q}}{\partial A_{ct}} = \hat{\rho}\beta_0 A_{ct}^{-\hat{\rho}-1} Y_{dt} - \beta_0 A_{ct}^{-\hat{\rho}} \frac{\partial Y_{dt}}{\partial A_{ct}} - \mu\left(\frac{\partial T_{Zt}}{\partial A_{ct}}\right)$$

$$= \hat{\rho}\beta_0 A_{ct}^{-\hat{\rho}-1} Y_{dt} - \mu\left(\frac{\partial T_{Zt}}{\partial A_{ct}}\right) + \beta_0 A_{ct}^{-\hat{\rho}} Y_{dt} \frac{\kappa^{1-\varepsilon}\nu}{1+\kappa^{1-\varepsilon}\nu}$$

$$\frac{\theta}{\theta+\varepsilon}\left[\frac{1-\alpha}{A_{ct}+A_{dt}} + \alpha\left(\frac{1}{T_{Zt}}\frac{\partial T_{ct}}{\partial A_{ct}}\right)\right]$$

$$= \beta_0 A_{ct}^{-\hat{\rho}} Y_{dt}\left(\frac{\hat{\rho}}{A_{ct}} + B\frac{1-\alpha}{A_{ct}+A_{dt}}\right) + \frac{\partial T_{ct}}{\partial A_{ct}}\left(\frac{\alpha\beta_0 A_{ct}^{-\hat{\rho}} Y_{dt} B}{T_{Zt}} - \mu\right)$$

其中，$B = \dfrac{\kappa^{1-\varepsilon}\nu}{1+\kappa^{1-\varepsilon}\nu}\dfrac{\theta}{\theta+\varepsilon}$。由上式可知，当土地使用量内生并受制于技术进步时，清洁技术除对环境质量有直接作用外，还通过改变土地的使用类型和用地规模影响环境质量。清洁技术的作用具体可分成三部分：清洁技术对环境具有直接的净化效应；清洁产品生产对非清洁产出可能形成替代效应或互补效应；清洁产品生产对土地的使用降低了环境的自我净化效应。第一个作用为正，第二个作用方向不确定，而第三个作用为负，最终的作用效应取决于三者的作用强度。而当清洁技术强度 $\hat{\rho}$ 足够大时，清洁技术可以有效提升环境质量。

同理，可得非清洁技术进步对环境质量的作用效应：

$$\frac{\partial \dot{Q}}{\partial A_{dt}} = -\beta_0 A_{ct}^{-\hat{\rho}} \frac{\partial Y_{dt}}{\partial A_{dt}} - \mu\frac{\partial T_{dt}}{\partial A_{dt}}$$

$$= -\mu\left(\frac{\partial T_{dt}}{\partial A_{ct}}\right) + \beta_0 A_{ct}^{-\hat{\rho}} Y_{dt} \frac{\kappa^{1-\varepsilon}\nu}{1+\kappa^{1-\varepsilon}\nu}\frac{\theta}{\theta+\varepsilon}\left[\frac{1-\alpha}{A_{ct}+A_{dt}} + \alpha\left(\frac{1}{T_{Zt}}\frac{\partial T_{dt}}{\partial A_{dt}}\right)\right]$$

$$- \beta_0 A_{ct}^{-\hat{\rho}} Y_{dt}\frac{1-\alpha}{A_{dt}} - \beta_0 A_{ct}^{-\hat{\rho}} Y_{dt}\frac{\alpha}{T_{dt}}\frac{\partial T_{dt}}{\partial A_{dt}}$$

$$= \beta_0 A_{ct}^{-\hat{\rho}} Y_{dt}\frac{1-\alpha}{A_{ct}+A_{dt}}\left(B - 1 - \frac{A_{ct}}{A_{dt}}\right) - \frac{\partial T_{dt}}{\partial A_{dt}}\left[\alpha\beta_0 A_{ct}^{-\hat{\rho}} Y_{dt}\left(\frac{1}{T_{dt}} - \frac{B}{T_{Zt}}\right) + \mu\right]$$

上式最后一行的第一项为负，一般第二项中的 $\dfrac{\partial T_{dt}}{\partial A_{dt}} > 0$，

$\left(\dfrac{1}{T_{dt}} - \dfrac{B}{T_{Zt}}\right) > 0$，这说明非清洁技术的作用效应对于环境质量的影响一致为负，可知，非清洁技术除对环境质量有直接作用外，也会通过改变土地的使用影响环境质量，但其作用强度会随 $\hat{\rho}$ 的增大而减小。依据 $\hat{\rho}$ 的定义可知，$\hat{\rho}$ 不仅代表清洁技术的占比，也表征清洁技术的作用强度。所以 $\hat{\rho}$ 的大小直接影响环境质量与技术进步的作用关系：当 $\hat{\rho}$ 的水平较低时，非清洁技术对环境质量的负向作用突出，环境质量会因为非清洁产出的增加而降低，此时，抑制环境恶化势必需要减少城市的产出，进而出现了经济增长与环境发展不相容的情况；当 $\hat{\rho}$ 的水平较高时，非清洁技术对环境质量的负向作用较弱，城市发展和环境质量实现了同步增长。

推论 2　当城市和农村用地由技术进步内生决定时，清洁和非清洁技术都对环境质量有直接作用，同时还会通过改变土地的使用类型和用地规模影响环境质量。当清洁技术强度 $\hat{\rho}$ 足够大时，清洁技术能够有效提升环境质量。而非清洁技术则会降低环境质量，但其作用效果随清洁技术强度 $\hat{\rho}$ 的增大而减弱。

技术进步方向对环境质量的转变是重要的。那么，是否可以改变 $\hat{\rho}$ 提高环境质量，实现环境与经济的相容发展呢？回答是肯定的，由城市部门企业生产的利润可知：

$$\pi_{jit} = (1-\alpha)\alpha^{\frac{1+\alpha}{1-\alpha}}p_{Zt}^{\frac{1}{1-\alpha}}\varphi_{Zt}^{\frac{\alpha}{\alpha-1}}L_{Zt}A_{jit}, j \in \{c, d\}$$

令 i 企业 t 期的技术进步率为 g_{jit}，$A_{jit} = A_{ji(t-1)}(1 + g_{jit})$，企业新技术研发成本为 $\xi_j g_{jit}^{1+\delta}$，其中，ξ_j 代表研发成功率，δ 为成本参数且 $\delta > 0$。

i 企业在 t 期时选择最优的技术进步率，以实现最大化收益：

$$\max_{g_{jit}}\{\pi_{jit} - \xi_j g_{jit}^{1+\delta}\}$$

上式的一阶条件满足：

$$g_{jit} = \left[\frac{(1-\alpha)}{\xi_j(1+\delta)} \alpha^{\frac{1+\alpha}{1-\alpha}} p_{Zt}^{\frac{1}{1-\alpha}} \varphi_{Zt}^{\frac{\alpha}{\alpha-1}} L_{Zt} A_{ji(t-1)} \right]^{\frac{1}{\delta}}$$

可知，清洁或非清洁技术研发的技术进步率取决于前期的技术水平、当期产品价格、城市总劳动数量和研发成功率。令 $\delta = 1$，根据上式可得：

$$\frac{\int_0^1 g_{cit} di}{\int_0^1 g_{dit} di} = \frac{\xi_d}{\xi_c} \frac{A_{c(t-1)}}{A_{d(t-1)}} = \frac{\xi_d}{\xi_c} \frac{\hat{\rho}}{\tau - \hat{\rho}}$$

这里的 $\int_0^1 g_{jit} di$，$j \in \{c, d\}$，可以看作 j 部门整体的技术进步率，上式表明城市部门清洁与非清洁技术的进步率与其上期的技术水平和研发成功率相关。若初始时期非清洁技术水平较高，当 $\frac{\hat{\rho}}{\tau - \hat{\rho}} < \frac{\xi_c}{\xi_d}$ 时，则 $\int_0^1 g_{cit} di < \int_0^1 g_{dit} di$，$\frac{A_{ct}}{A_{dt}} < \frac{A_{c(t-1)}}{A_{d(t-1)}}$，$\hat{\rho}$ 下降；反之，$\hat{\rho}$ 上升；当初始技术满足 $\frac{\hat{\rho}}{\tau - \hat{\rho}} = \frac{\xi_c}{\xi_d}$ 时，清洁部门与非清洁部门的技术以同样的速率上升，$\hat{\rho}$ 保持不变。

通常，在现实经济中，非清洁技术禀赋和研发水平往往较高，非清洁技术进步更快，或者说，在自由市场环境下，清洁技术发展相对缓慢且研发不足，$\hat{\rho}$ 随时间推移而下降。此时污染的增加和环境质量的下降抑制了城市部门经济的进一步发展。如果此时政府通过政策改变这种状态，如对非清洁技术征税或对清洁技术进行补贴，技术进步方向将发生变化，此时就有可能实现环境和经济的共生发展。以补贴政策为例，假设政府对清洁技术研发的补贴率为 χ，此时，清洁技术的研发成本为 $(1-\chi)\xi_c g_{cit}$，两部门的技术进步率之比为：

$$\frac{\int_0^1 g_{cit} di}{\int_0^1 g_{dit} di} = \frac{1}{(1-\chi)} \frac{\xi_d}{\xi_c} \frac{A_{c(t-1)}}{A_{d(t-1)}} = \frac{1}{(1-\chi)} \frac{\xi_d}{\xi_c} \frac{\hat{\rho}}{\tau - \hat{\rho}}$$

　　显然，研发补贴提高了清洁技术的进步率，减少了 $\hat{\rho}$ 的下降速度，甚至使 $\hat{\rho}$ 由降转升，这样较高的 $\hat{\rho}$ 将有助于降低非清洁产出对环境的污染，进而实现环境和经济的相容发展。

第二节　指标数据特征与参数校准

　　本节采用1978～2011年我国三大产业的要素投入和经济产出数据，计算农村与城市部门的技术进步，将农村部门产出由第一产业的产出表示，城市部门的总产出由第二和第三产业的产出来表示。农村与城市部门的就业人数采取相同方式处理，其中农村土地面积用农作物播种面积表示，城市用地规模由建成区面积表示。依据相关研究，取劳动的收入份额为2/3，$\alpha = 1/3$（白重恩、钱震杰，2009）。根据式（7-4）和式（7-5）计算两部门技术进步 A_{jt}。

　　数据显示，在样本期内，剔除个别年份，城乡技术进步率均表现出一定的相似性。城市和农村部门的技术进步率在1985～1990年期间都出现下降，而后都有所回升，1993年后城市部门的技术进步率逐渐稳定，均值保持在0.1左右，但农村部门的技术进步率与之不同，初始阶段逐年下降，在2000年出现阶段性低点后才开始稳步回升（见图7.1）。

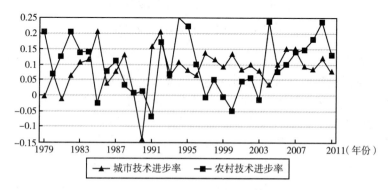

图7.1　城乡技术进步率的变化趋势

　　由于我国统计部门并没有直接公布环境质量方面的综合指标数据，也没有单项指标可以很好地度量环境质量。因此，基于数据的可得性，本书拟将2003～2011年《中国统计年鉴》中描述环境质量变化不同方面的多个指标进行加权处理得到环境质量指数，主要思路参考刘艳军等（2013）的计算方法，分项指标主要有：（1）工业废水总量；（2）生活废水总量；（3）年度森林覆盖率；（4）年度人均用水量；（5）空气质量达到以及好于二级的天数；（6）城市区域环境噪声监测等效声级；（7）工业污染治理项目本年完成投资。设定各指标的标准值后将指标标准化以统一量纲，通过加权可得到我国2003～2011年的环境质量指数（见图7.2）。

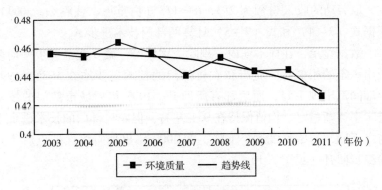

图7.2　我国环境质量的变化趋势

　　如图7.2所示，正如我们在当前生活中所感受到的一样，我国环境质量指数虽有波动但下降趋势明显，表明环境质量呈现不断恶化趋势。从数值上看，环境质量从2003年的0.4562，下降至2011年的0.4257，降幅达6.7%。与此同时，经济产出却增加了135%。总产出增加和环境质量下滑，表明我国依靠要素投入的粗放型增长模式是以牺牲环境质量为代价的，当前虽历经几十年的经济改革，仍未实现环境与经济增长相容发展。

参考阿西莫格鲁（2011）参数设计的思想，设定效用函数参数 $\sigma = 2$，$\psi = 0.35$。根据式（7-6）以及式（7-7），估计两部门替代弹性 $\varepsilon = 1.0238$，$\gamma = 0.6646$。在 Q_t 和其他数据已知时，式（7-3）和式（7-9）构成以 $\{\eta, \mu, \beta_t\}$ 为未知数的方程组，将 2004～2011 年的数据代入求得 $\{\eta, \mu, \beta_t\}$。其中，$\eta = 13.46$，$\mu = 9.171 \times 10^{-5}$，$\beta_t$ 的校准结果如表 7.1 所示。

表7.1 β_t 的校准结果

年份	2004	2005	2006	2007	2008	2009	2010	2011
β_t	0.0189	0.0175	0.0156	0.0160	0.0128	0.0142	0.0131	0.0124

由表 7.1 可知，β_t 不断下降，从 2004 年到 2011 年下降了 34.4%，可知经济产出对环境质量已产生了积极影响，图 7.2 却暗示环境质量并没有好转，这可能是产出规模的扩张速度比 β_t 变化更快。利用 β_t 和 A_{Zt} 的数据，对 $\ln\beta_t = c - \hat{\rho}\ln A_{Zt}$ 做最小二乘法估计可得 $\hat{\rho} = 0.55$。

第三节　数值模拟结果与评价

前面我们计算出 1978～2011 年我国城市部门与农村部门的技术进步指数，并且分析了技术进步率的表现形态。虽然上述时期我国两部门的技术进步率有一定程度的波动，但剔除个别年份后，其增长率并没有出现大幅的上升或下降，而是基本稳定的。为此，进行数值模拟时，不妨假设城市和农村两部门经济的技术进步率保持不变，取其 1978～2011 年增长率的平均值进行表征。对于劳动总量的增长率，我们先直接计算出 1978～2011 年经济体总劳动的平均增长率为 0.864%，并据此假设在模拟期内总劳动 $\bar{L}_t$ 保持该增长速度。

首先，假定经济保持原有的技术进步方向，即技术按照当前真实的速率增长，模拟在清洁技术强度 $\hat{\rho}=0.55$ 的条件下，均衡土地的使用量及均衡环境质量的变化趋势。以 1 年为 1 期共模拟 50 期，为反映现实的经济情况，基期（$t=0$）的数据我们采用 2011 年的真实数据。依据均衡解和模型参数可得表 7.2 的数值模拟结果。

表 7.2　　　　　环境质量、城乡用地规模和经济增长率的
模拟结果（$\hat{\rho}=0.55$）

t	Q	T_Z	T_N	T_Z/L_Z	Y
1	0.4134	2.5645	153.4309	0.5105	1.5151
5	0.4000	1.4227	134.2041	0.2739	3.5150
10	0.4209	0.9357	126.2950	0.1727	4.8618
15	0.4544	0.7088	124.6009	0.1254	5.3615
20	0.4895	0.5647	125.0234	0.0958	5.5341
25	0.5224	0.4570	126.1167	0.0743	5.5818
30	0.5522	0.3710	127.3484	0.0578	5.5843
35	0.5788	0.3006	128.5324	0.0449	5.5725
40	0.6026	0.2429	129.6160	0.0348	5.5579
45	0.6239	0.1958	130.5947	0.0269	5.5445
50	0.6431	0.1574	131.4797	0.0207	5.5332

注：T_Z 和 T_N 数值均为水平值，单位为万平方公里；T_Z/L_Z 单位为万平方公里/亿人；Y 数值为总产出的环比增长率（%）。以下各表的数值意义和单位同表 7.2。

出于篇幅限制，上表中仅列出间隔 5 年期的模拟结果，为更清晰地观测城市部门的土地使用情况，表中同时列出了城市人均土地数量的变化情况。当清洁技术强度 $\hat{\rho}$ 值保持实际值时（该数值反映

了当前现实经济中技术进步对环境质量的真实影响)，数据显示，环境质量出现稳定增长态势，从期初的 0.4134 先下降至第一个 5 年期后的 0.4000，之后表现出逐年上升至期末的 0.6431。表明环境污染可以通过控制城乡用地规模，也就是通过减少城市经济产出规模的方式改善环境质量，这也基本吻合当前我国短期环境治理的模式，不过度追求经济增长速度，而是追求经济发展的效率并改善环境质量。

在此技术进步方向下，环境质量将得到改善，这是否说明，按照当前的技术进步路径，我国环境污染就会减轻，清洁环境就会自然到来？回答是否定的，表 7.2 中数据显示，此时环境质量的改善，主要是通过减少土地使用和减缓产出增长率的方式实现的，即环境质量对城市用地存在"挤出"效应。但是，我国城市用地需求是刚性的且现阶段不能大幅减缓经济增长的速度。原因在于：一是城市用地规模在城镇化政策下正在不断扩张，无法通过绝对减少城市用地的方式改善环境；二是要达到上述环境质量优化目标，总产出年增长率只有 5.1%，经济产出的增长率不仅大幅低于我国现有的水平，也远远低于"十二五"规划预期的年平均增长率 7% 的目标，过低的经济增长率将引发一系列社会和经济问题。为此，现阶段若保持当前清洁技术强度改善环境，仅依靠减少城市生产用地和控制产出规模扩张方式降低经济产出对环境的污染，不仅不可行，而且也是不可能的。

其次，政府通过财税政策提高清洁技术创新的激励力度，鼓励清洁技术研发投入，如通过补贴方式降低清洁技术创新成本，提升清洁技术强度 $\hat{\rho}$，使城市部门产出对环境的污染强度以更快的速度下降，在不严格控制城市用地规模条件下使环境质量得到提升，使经济产出基本达到"十二五"规划中 7% 的年增长目标，减少对经济和社会的冲击，模拟结果如表 7.3 所示。

表7.3　　　　　　环境质量、城乡用地规模和经济增长率的

模拟结果（$\hat{\rho}=0.80$，$\hat{\rho}=0.90$）

t	Q	T_Z	T_N	T_Z/L_Z	Y	Q	T_Z	T_N	T_Z/L_Z	Y
	$\hat{\rho}=0.80$					$\hat{\rho}=0.90$				
1	0.4140	2.6840	152.5602	0.5342	2.4993	0.4142	2.7333	152.2146	0.5440	2.8959
5	0.4057	1.8428	131.7138	0.3546	4.8235	0.4079	2.0440	130.7552	0.3932	5.3538
10	0.4349	1.6434	123.4509	0.3029	6.3503	0.4403	2.0590	122.4044	0.3793	6.9527
15	0.4761	1.7156	121.9486	0.3029	6.9092	0.4844	2.4419	121.0403	0.4307	7.5326
20	0.5173	1.8913	122.6817	0.3197	7.0910	0.5279	3.0603	121.9781	0.5167	7.7144
25	0.5548	2.1167	124.0503	0.3427	7.1292	0.5670	3.8883	123.5674	0.6285	7.7447
30	0.5877	2.3703	125.4699	0.3675	7.1171	0.6012	4.9332	125.2145	0.7634	7.7225
35	0.6165	2.6439	126.7497	0.3925	7.0915	0.6309	6.2210	126.7394	0.9216	7.6869
40	0.6416	2.9351	127.8514	0.4173	7.0657	0.6567	7.7912	128.1236	1.1050	7.6515
45	0.6636	3.2445	128.7897	0.4418	7.0435	0.6794	9.6951	129.4046	1.3164	7.6199
50	0.6832	3.5737	129.5928	0.4660	7.0255	0.6996	11.9940	130.6341	1.5592	7.5920

若将$\hat{\rho}$提升至0.80，使技术进步朝偏向于清洁技术的方向发展，数据显示：（1）历经50期后，从环境质量最初时的0.4140上升到期末的0.6832，环境质量得到明显改善，提升了65%，其期末值也比$\hat{\rho}$为0.55时提升了6.24%。（2）城市用地规模不再持续下降，而是在经历短期下降后就开始回升，期末值为3.5737，超过期初值，表明技术进步朝着清洁技术方向转变后，清洁技术强度提升，城市人均用地与城市用地总量保持同步，均呈现先下降后上升态势。这显示，提高清洁技术强度后，环境质量改善不再仅仅依靠控制城市用地和产出规模，环境质量对城市用地和城市经济的"挤出"效应减弱。（3）由于农业产出对环境质量没有决定性影响，所以调整城市经济产出对农村土地使用的改变不大，对比$\hat{\rho}=0.55$和$\hat{\rho}=0.80$，发现农村土地变化非常小，吻合农村用地增长对环境污染影响不大且环境污染更多来自城市的预期判断。（4）经济总产出没有下降，而是依旧保持上升趋势，其年均增长率为6.58%，已

经接近7%的"十二五"预期目标，表明政府若通过清洁技术创新方式提升技术进步对环境的作用，不会对经济产出产生过大影响。

如果将清洁技术强度 $\hat{\rho}$ 值进一步提高至0.90，发现各变量变化基本与0.80时的效果相同，即环境质量上升，城乡用地和经济产出的规模都得到有效提高。一是环境质量明显改善，环境质量从期初的0.4140提升至期末的0.6996，环境质量提高近70%。二是城市用地也在短期内有所下降，之后逐步回升，不同的是此时城市用地扩张速度加快。在 $\hat{\rho}=0.80$ 时城市用地在后40期年平均增长率为1.96%。而当 $\hat{\rho}=0.90$ 时，后40期的年平均增长率为4.51%。这说明当清洁技术强度提升至更高水平时，环境质量控制对城市用地规模基本不存在"挤出"效应。城市用地规模在清洁技术强度的三个水平值下表现出截然不同的变化特征，说明城市用地规模对清洁技术强度敏感。同样，农村用地规模变化依然不大，说明改变清洁技术强度对农村用地的影响很小。三是总产出的年均增长率为7.16%，达到我国"十二五"规划的预期目标，表明只要有效改变技术进步方向，如鼓励清洁技术创新，就能实现环境质量提升、城镇化发展和经济增长等多重目标。以上模拟结果反映了理论模型的判断，即能否转变技术进步方向使技术创新朝清洁技术方向发展，对城市用地、环境质量和经济发展的作用较大。其中，城市用地以及城市人均用地对技术进步方向改变最为敏感，其次为环境质量。这说明如果不调整技术进步方向，将无法有效化解城镇化和城市用地需求以及经济发展与环境质量提升的矛盾。

以上我们模拟了保持原有技术进步率转变技术进步方向时，清洁技术强度 $\hat{\rho}$ 对环境质量、城市用地和经济的影响。由理论模型可知，清洁技术强度 $\hat{\rho}$ 主要通过降低污染强度 β_t 从而影响环境质量以及土地规模的方式发挥作用。当然，降低 β_t 的另一种方式也可以在清洁技术强度不变时提高城市部门的技术水平 A_z。为更深入考察城市部门产出对环境的影响，我们重新模拟不同清洁技术强度下 A_z 增长率 g_z 变化对环境和经济产出的作用。将城市技术进步率在现有水平上提高 10%，模拟 $\hat{\rho}$ 在 0.55 和 0.90 值时各变量的变化趋势。

我们先分析清洁技术强度不变即 $\hat{\rho}$ 在 0.55 时，改变城市技术进步率对环境质量的影响。对比表 7.2 与表 7.4 左侧的模拟结果，我们发现，在相同的清洁技术强度下，仅提高城市技术进步率对环境质量的影响十分有限，环境质量的演进路径几乎都没有变化，仅在水平值上略有提高，但环境质量的升高反而需要更大幅度减少城市用地的规模。对比表 7.3 右侧与表 7.4 右侧，发现清洁技术强度变化即当 $\hat{\rho}$ = 0.90 时，城市技术进步率提高能有效改善环境质量，城市用地规模在经历短期下降后也有大幅度的提高，经济增长率也较表 7.3 右侧的结果有明显提升。说明城市技术进步率对城市发展存在门限效应：当清洁技术强度较低时，环境质量改善会抑制城市发展，提高技术进步率将会加剧对城市用地和产出的挤出作用；当清洁技术强度较高时，技术进步率、城市用地规模和经济增长才能相容发展。

表 7.4　　　　环境质量、城乡用地规模和经济增长率的
模拟结果（g_Z 提升，$\hat{\rho}=0.55$，$\hat{\rho}=0.90$）

t	Q	T_Z	T_N	T_Z/L_Z	Y	Q	T_Z	T_N	T_Z/L_Z	Y
			$\hat{\rho}=0.55$					$\hat{\rho}=0.90$		
1	0.4135	2.5486	153.2396	0.5073	1.7260	0.4144	2.7330	151.9105	0.5439	3.2437
5	0.4012	1.3874	133.6448	0.2671	3.7893	0.4098	2.0648	129.9130	0.3970	5.8170
10	0.4238	0.8980	125.6340	0.1657	5.1727	0.4448	2.1341	121.4703	0.3929	7.4795
15	0.4590	0.6717	123.9565	0.1188	5.6848	0.4912	2.6103	120.1918	0.4600	8.0785
20	0.4955	0.5290	124.4225	0.0896	5.8595	0.5365	3.3764	121.2525	0.5695	8.2612
25	0.5294	0.4231	125.5534	0.0687	5.9053	0.5768	4.4234	122.9564	0.7140	8.2855
30	0.5599	0.3393	126.8059	0.0528	5.9048	0.6118	5.7782	124.7005	0.8927	8.2557
35	0.5870	0.2715	127.9924	0.0405	5.8900	0.6420	7.4904	126.3139	1.1076	8.2129
40	0.6111	0.2166	129.0626	0.0309	5.8730	0.6681	9.6296	127.7947	1.3628	8.1710
45	0.6326	0.1722	130.0154	0.0236	5.8577	0.6911	12.2827	129.1987	1.6637	8.1333
50	0.6519	0.1366	130.8649	0.0179	5.8448	0.7114	15.5531	130.5953	2.0164	8.0991

第四节 本章小结

环境污染问题在经济发展的初级阶段，受生产力和居民生产生活的约束，往往不易受到人们的重视，环境成本也易作为外部成本而被企业所忽视。但伴随着城市化和工业化进程的加快，环境污染加剧已使人们无法承受，极端天气频发更是引发全社会对环境问题的关注。

本节从技术进步方向角度，将用地类型和环境约束引入两部门模型，分析技术进步方向、城市用地规模和环境质量的内生化耦合过程，结合我国经济时序数据对理论模型进行数值模拟，考察我国技术进步方向、城市用地规模和经济发展的变化趋势，分析不同技术进步方向对城市用地规模和环境质量的影响，为我国选择适宜性技术进步方向治理环境提供新思路。结果发现：（1）环境质量改善可以通过控制城市用地规模和清洁技术创新方式来实现，当城市和农村的用地需求外生给定时，环境污染取决于清洁与非清洁技术的水平，当城市和农村的用地需求由技术进步内生决定时，清洁和非清洁技术除了对环境质量都有直接作用外，还会通过改变土地的使用类型和用地规模影响环境。当清洁技术强度足够大时，清洁技术可以有效地提升环境质量，而非清洁技术则会降低环境质量，但其作用效果随清洁技术强度的增大而减弱。（2）在不同技术进步方向下城市用地和经济产出与环境质量的作用关系不同，若保持原有技术进步率和清洁技术强度，我国环境质量可以改善，但此时环境质量的提升需要降低城市用地和经济产出的规模，也就是说，在清洁技术强度较低时，环境质量上升对城市用地和经济发展具有明显的挤出效应。为此，如果不改变原有的技术进步方向、城市用地规模和经济增长速度，我国环境质量最终只能不断恶化。若政府能够通过政策诱导清洁技术的研发转变技术进步方向，当清洁技术强度足够大时，环境和经济可以实现相容发展。

第八章

基本结论和环境政策建议

第一节　基本结论

前些年关于环境污染事故的报道屡见报端，环境质量不佳。然而，传统自由市场环境中非清洁生产存在先发优势，清洁技术研发激励有限，环境规制在稳增长和保环境中寻求平衡。如何实施有效的政策激励，实现经济与环境的相容发展已成为亟须解决的问题。为此，本书扩展阿西莫格鲁等（2012）环境技术进步方向模型，数理演绎污染税和研发补贴政策对清洁与非清洁技术创新的作用机制，以及不同政策下环境质量和经济增长的动态演化过程，依据中国数据深入挖掘不同类型环境政策对清洁技术创新的非线性作用效应，结合环境政策对不同地区和产业技术创新方向的作用强度，设计最优环境政策及政策组合，得出如下结论。

第一，扩展阿西莫格鲁等（2012）环境技术进步方向模型，构建包含清洁与非清洁的两部门 CES 生产函数模型，数理演绎环境规制政策、清洁技术创新与环境质量及经济增长之间的动态关系。结果显示，清洁型中间产品与非清洁型中间产品的生产数量取决于内生技术进步水平，清洁技术水平和非清洁技术水平会对环境质量产生直接影响；政府补贴与污染税收通过调整技术进步方向和部门劳动需求影响部门产品产量，进而改善环境质量。在研发产出弹性

$0 < \varphi < 1$ 时，政府补贴强度 u 和税收水平 T_t 能有效促进相对清洁技术进步水平，而当研发产出弹性 $\varphi > 1$ 时，会降低清洁技术创新水平。其作用强度不仅取决于政府补贴强度 u 和税收水平 T_t 的自身水平，研发产出弹性 φ、研发效率 λ 以及技术改进强度 β 皆能影响清洁技术水平，同时环境政策效果的延续性 t 也是两类政策对清洁技术进步水平的重要影响因素。

第二，数值模拟结果表明：（1）初始参数设定下，相对清洁技术进步水平 a(t) 发展较慢，清洁技术水平需要长达 25 年的时间反超非清洁技术水平，同样非清洁就业型劳动力 L_{Nt} 也将在长时间内保持绝对优势，非清洁型中间产品产值 Y_{Nt} 长期居高不下，环境质量不断恶化，环境恶化带来的社会压力使政府不得不考虑转换经济发展思路，抑制过度资源消耗，经济增长速度长时间处于低速，中国将进入长时间以经济换环境的发展阶段。（2）政府补贴 u 和税收水平 T_t 能够有效改变技术发展方向，加速推动清洁就业型劳动力 L_{ct} 反超非清洁就业型劳动力 L_{Nt}，加速生产转型。（3）随着政府补贴 u 和税收水平 T_t 力度的增强，非清洁型中间产品产值倒 "U" 型拐点与环境质量正 "U" 型拐点皆提前，清洁生产加速取代非清洁生产，环境质量改善加速。（4）政府补贴 u 和税收水平 T_t 对总体经济增长率 g_t 表现出不同的效果，相对于政府补贴 u 的作用，随着税收水平 T_t 的提高，总体经济增长率 g_t 在初期将近 20 年的时间内维持相对初始设置下更低的增长水平，研发补贴与污染税收的结合能在最大限度地改善环境的同时对经济增长带来最小的负向效应。

第三，利用中国 2007~2015 年 30 个省（区、市）的面板数据构建计量经济模型，检验中国环境规制对清洁技术创新的非线性作用效应，并进一步采用门槛模型判定环境规制的清洁技术创新效应中是否存在经济发展的门槛效应。主要结论是：整体来看，中国的环境规制强度与清洁技术创新符合 "U" 型关系，即随着环境规制强度的加大，清洁技术进步呈现出先下降后上升的发展趋势；中国环境规制强度处于 "U" 型轨迹的下降阶段，远低于拐点值，环境规制对清洁技术创新具有负向抑制效应，表明中国环境规制强度尚处于较低水平，适当提高政府对企业的环境规制强度能够促进清洁技术创新的不断发展；不同的环境规制形式会影响清洁技术创新与环境规制强度 "U" 型关系曲线的变化幅度和拐点水平，政府施加给企业的环境规制强度比直接出资进行环境治理对清洁技术创新的促进作用更强；分地区经验分析表明，环境规制强度对清洁创新技术的作用在发达地区和欠发达地区间存在差异，中国东部地区和西部地区的环境规制强度与清洁技术创新之间符合 "U" 型发展趋势；各个地区环境规制强度均尚未达到拐点值。面板门槛模型实证结果表明，经济发展水平存在三重门槛效应，当经济发展跨越第三个门槛值时，环境规制强度的增加才能显著促进清洁技术进步。

第四，利用中国 30 个省（市）的数据构建空间面板计量经济模型，检验中国环境规制的本地—邻地清洁技术创新效应及其时间特征，验证本地—邻地环境规制的清洁技术进步效应的作用机理。结果发现：(1) 环境规制的本地清洁技术进步效应表现出 "U" 型特征，受制于环境规制自身门槛效应的影响。也就是说，当环境规制在低于某一临界值时，环境规制会加重企业负担，无法有效激励企业开展清洁研发创新。当环境规制跨越门槛后，环境规制和清洁技术创新将会出现相容发展。(2) 环境规制的邻地清洁技术创新表现出延时性类 "U" 型关系。暗示环境规制在现有产业结构下，尤其是传统粗放型经济模式下，相邻地区的清洁技术进步存在相互抑制，清洁技术进步跨区域并没有表现出正向的技术扩散效果，一个地区的清洁技术创新能力显著抑制另一个地区尤其是邻地的清洁技术创造能力，清洁技术创新没有出现协同效应。(3) 不同区域环境规制的清洁技术进步效应差异显著。代表性地区检验结果发现，京津冀、长三角和珠三角地区环境规制效果明显不同。同时，环境规制引致污染产业跨区域或就近转移呈现逐年下滑趋势，而且环境规制的邻地清洁技术进步效应主要通过污染产业转移方式实现。

第五，在阿洪（Aghion，2016）研究思路的基础上，放松非清洁技术与环境质量对立关系的假定，构建一个两部门技术进步方向模型，将异质性研发补贴引入生产函数，数理演绎不同类型研发补贴和技术进步对环境质量的影响。结合中国汽车行业的产销及劳动力投入数据对所构建的两部门模型进行数值模拟，分析不同性质研发补贴对环境质量作用的动态过程，对当前汽车行业发展背景下，如何实现环境治理提供有效的政策性思路。结果发现：（1）环境质量改善可以通过提高清洁技术和控制石化燃料汽车行业的发展规模实现，清洁技术对环境质量具有直接作用，能够有效控制环境质量恶化，非清洁技术在不同环境约束下对环境质量的作用方向并不确定，但在特定条件下非清洁技术的减排效应优于增产效应时，其可以有效改善环境质量。（2）不同性质研发补贴皆能有效改善环境质量，但在石化燃料汽车占优的市场环境中，同等程度非清洁研发补贴对环境质量的改善效果更优，且双重补贴对环境质量的改善程度优于单一类型补贴。

第六，从技术进步方向角度，将用地类型和环境约束引入两部门模型，分析技术进步方向、城市用地规模和环境质量的内生化耦合过程，结合我国经济时序数据对理论模型进行数值模拟，考察我国技术进步方向、城市用地规模和经济发展的变化趋势，分析不同技术进步方向对城市用地规模和环境质量的影响，为我国选择适宜性技术进步方向治理环境提供新思路。结果发现：（1）环境质量改善可以通过控制城市用地规模和清洁技术创新方式来实现，当城市和农村的用地需求外生给定时，环境污染取决于清洁与非清洁技术的水平，当城市和农村的用地需求由技术进步内生决定时，清洁和非清洁技术除对环境质量都有直接作用外，还会通过改变土地的使用类型和用地规模影响环境。当清洁技术强度足够大时，清洁技术可以有效地提升环境质量，而非清洁技术则会降低环境质量，但其作用效果随清洁技术强度的增大而减弱。（2）在不同技术进步方向下城市用地和经济产出与环境质量的作用关系不同，若保持原有技术进步率和清洁技术强度，我国环境质量可以改善，但此时环境质量的提升需要降低城市用地和经济产出的规模，也就是说，在清洁技术强度较低时，环境质量上升对城市用地和经济发展具有明显的挤出效应。因此，如果不改变原有的技术进步方向、城市用地规模和经济增长速度，我国环境质量最终只能不断恶化。若政府能够通过政策诱导清洁技术的研发转变技术进步方向，当清洁技术强度足够大时，环境和经济可以实现相容发展。

第二节　环境政策建议

当前中国社会面临经济增长减缓和改善环境的双重压力，若完全依靠自由市场环境，将无法有效破除经济发展与环境质量恶性循环陷阱，如何通过环境规制政策，在改善环境质量的同时，保证经济稳定增长是当前的重要研究课题。结合本书的理论分析与实证检验的结论，提出如下的环境政策建议。

（1）权衡污染税政策对环境质量改善与经济增长的相对收益，确定合适的政策实施时机以及合理的税率。长期以来，中国消费结构以石化能源为主，决定了非清洁生产、非清洁产品和非清洁技术将在未来较长一段时间内占据主导地位，在无外界政策规制的条件下，向清洁技术方面的转型速度缓慢，环境质量必将进一步恶化。一方面，政府需要对非清洁生产征税以抑制环境质量恶化；另一方面，应该看到，污染税的政策具有"双刃剑"特征，能够推动技术进步转向清洁技术，有效遏制环境质量的恶化，但短期内非清洁部门产出的下降会引致经济总产出减少，且随着污染税力度的增强，产出下滑程度增大。过强或非适宜污染税政策，甚至会引发经济增长断崖式下跌。因此，在实施污染税政策时，要合理权衡税收政策对环境质量改善与经济增长的相对收益，确定合适的政策实施时机以及合理的税率，使污染税政策给经济增长带来的负面影响达到最低。

（2）多种手段鼓励清洁技术研发，并提高清洁技术研发激励强度。首先，在研发补贴政策实施过程中，需要显性区分清洁还是非清洁技术研发补贴，主要针对清洁技术研发项目，防止偏离环境质量优化的目标。其次，理论模型和数值模拟结果表明，研发补贴政策能够直接拉动经济增长，加速非清洁生产向清洁生产转型。适度提高清洁技术研发补贴强度，有助于激发科研院所的创新活力和企业持续的创新能力，也可降低技术项目开发者的投资风险。如德国清洁能源技术研发项目中风机的研发政府进行100%资金资助；美国政府在可再生能源项目研究阶段给予全部补贴。最后，可以采用多种手段，如财政补贴、税收优惠和价格激励（清洁产品以固定价格或特权价格进行销售）等方式激励清洁技术研发。

（3）适度提高环境规制强度，改善环境质量。实证结果表明，中国环境规制强度距离拐点水平尚有较大差距。中国长期以来的能源结构决定了非清洁生产将在未来较长一段时间内占据经济生产的主体地位，如无环境政策引导的情况下，非清洁生产向清洁生产转型缓慢，环境质量必将持续恶化。因此，在当前市场环境下，政府以对非清洁型产品生产征收污染税费，以及对清洁型中间产品生产部门进行研发补贴等多种方式，适度提高环境规制强度能够引导企业权衡治污成本与收益之间的关系，建立清洁技术创新和清洁生产的长效机制，通过清洁生产和节能减排等前端手段改善环境质量，实现环境质量与经济增长的协同发展。

（4）注重优化环境规制形式，相机选择最优的环境政策或政策组合。单一政策与政策组合的作用效果存在差异，一方面在于政策自身的特质差异，如政策作用对象、干预时机、剂量、政策本身的性质等；另一方面在于作用对象自身的异质性及其所处环境差异，如企业所有制特征、行业特征、市场特征、城市特征、融资环境等，都会对政策或政策组合的作用效果存在影响。污染税或清洁技术研发补贴政策对经济增长和环境质量的作用各有侧重。政府应当注重优化环境规制的形式，灵活运用超标排污费、环境税、排放许可证交易、污染治理补贴及清洁技术研发补贴等不同环境规制手段，设计适宜的政策组合使企业以更加经济的方式进行清洁技术研发，实现经济增长和环境质量的相容发展。

（5）注意环境政策的协调性并审时度势地进行动态调整，避免政策组合的缺陷。政府实施环境政策规制不应是单一政策，而应该是制定和实施政策组合。单一政策可能会由于政策力量单薄而无法发挥应有的政策效果，只有实施环境政策组合，才易于实现相互补充和相互强化。但是，不同政策工具的作用可能会出现相互增强或抵消的效果。不同的政策由于作用对象、作用方式和作用时机不同，其经济效应也不同。因此，在政策制定与实施前，一方面注意政策间的协调性，避免由于某一政策的实施使某一领域异军突起，引起整体的协调性下降，造成改革进程出现反复等问题；另一方面也要注意政策目标的协调性，使用多个政策工具出现多元化政策目标，应注意同一环境政策的长期和短期目标相一致，而对于多个政策目标进行优先序排列，并审时度势地进行动态调整避免政策组合的缺陷。

（6）不同地区选择差别化的环境规制措施。由于经济发展水平、环境质量、清洁技术创新能力等多方面存在不平衡，环境规制对清洁技术创新具有显著的区域差异，且在不同的经济发展阶段其作用也存在差异。因而在制定环境规制措施时必须因地制宜，分区域制定差异化的环境规制措施。同时，定期考察各项规制手段的实行效果，动态调整各项措施强度至合理水平。对于经济发展水平较高的地区如上海而言，适当地增加环境规制强度可以引导企业清洁技术研发，通过创新补偿效应实现经济增长和环境保护相容发展。经济欠发达的中、西部地区，不应实施与东部发达地区相当的环境规制强度。若盲目实行严厉的环境规制可能带来过高的附加成本，不仅无法实现清洁技术创新，甚至引发经济衰退。

（7）积极引导创新要素流向清洁技术创新领域，并进行优化配置。从长期来看，依靠清洁技术的清洁生产方式是实现环境质量和经济增长共生发展的重要路径。现阶段，中国清洁技术创新产出明显不足，创新资源不足，知识产权保护制度也不完善，从事清洁技术的研发者缺乏应有的创新激励机制。因而，需要完善知识产权保护制度，激励企业、高等院校和科研院所及科研人员积极进行清洁技术研发。同时，R&D 资本和人力资本等创新要素是清洁技术研发的关键，积极引导研发人员转向清洁技术创新领域形成集聚效应，并优化配置创新资源，避免创新要素错配造成生产效率的损失，推动清洁技术创新和攻克高端的清洁技术。

（8）地区经济增长与环境保护协同发展，以及区域之间环境保护联防联控协同发展。环境规制作为制约污染性企业减排的重要手段，需要借助于市场化手段提高污染性行业的减排成本，引导企业技术创新朝绿色方向发展。但不同地区要素丰裕度、产业结构和经济发展水平均存在较大差异，政策作为地方政府竞争的一种有力工具，在对区域间经济产生重要影响的同时，也会对技术进步方向形成干扰。由于环境规制的"本地—邻地"绿色技术进步效应存在异质性，不同强度的环境规制会对本地—邻地清洁技术创新形成截然不同的效果。因此，一方面，政府应全面考量本地及邻近地区的环境规制形式及力度，精准确定政策的着力点和规制方向，建立区域协同治理体系，提高环境规制的有效性。另一方面，政府也应意识到现阶段环境质量和经济增长并未实现同步协调发展的现实，权衡环境规制可能引发清洁技术创新与经济增长的差异化后果。

参 考 文 献

［1］白重恩、钱震杰：《国民收入的要素分配：统计数据背后的故事》，载于《经济研究》2009 年第 3 期。

［2］陈超凡：《中国工业绿色全要素生产率及其影响因素——基于 ML 生产率指数及动态面板模型的实证研究》，载于《统计研究》2016 年第 3 期。

［3］陈诗一：《中国绿色工业革命：基于环境全要素生产率视角的解释（1980~2008）》，载于《经济研究》2010 年第 11 期。

［4］戴天仕、徐现祥：《中国的技术进步方向》，载于《世界经济》2010 年第 11 期。

［5］董直庆、蔡啸、王林辉：《技术进步方向、城市用地规模和环境质量》，载于《经济研究》2014 年第 10 期。

［6］董直庆、焦翠红：《环境规制能有效激励清洁技术创新吗？——源于非线性门槛面板模型的新解释》，载于《东南大学学报（哲学社会科学版）》2015 年第 2 期。

［7］董直庆、焦翠红、王芳玲：《环境规制陷阱与技术进步方向转变效应检验》，载于《上海财经大学学报》2015 年第 3 期。

［8］董直庆、王芳玲、高庆昆：《技能溢价源于技术进步偏向性吗》，载于《统计研究》2013 年第 6 期。

［9］范庆泉、周县华、刘净然：《碳强度的双重红利：环境质量改善与经济持续增长》，载于《中国人口·资源与环境》2015 年第 6 期。

［10］范群林、邵云飞、唐小我、刘贞、闫建明：《环境政策、

技术进步、市场结构对环境技术创新影响的实证研究》，载于《科研管理》2013 年第 6 期。

[11] 韩玉军、陆旸：《门槛效应、经济增长与环境质量》，载于《统计研究》2008 第 9 期。

[12] 何为、刘昌义、刘杰、郭树龙：《环境规制、技术进步与大气环境质量》，载于《科学学与科技技术管理》2015 年第 5 期。

[13] 贺菊煌、沈可挺、徐嵩龄：《碳税与二氧化碳减排的 CGE 模型》，载于《数量经济技术经济研究》2002 年第 10 期。

[14] 金碚：《资源环境管制与工业竞争力关系的理论研究》，载于《中国工业经济》2009 年第 3 期。

[15] 景维民：《环境管制、对外开放与中国工业的绿色技术进步》，载于《经济研究》2014 年第 9 期。

[16] 孔爱国、郭秋杰：《城市规模与城市污染》，载于《数量经济技术经济研究》1996 年第 2 期。

[17] 匡远凤、彭代彦：《中国环境生产效率与环境全要素生产率分析》，载于《经济研究》2012 年第 7 期。

[18] 李斌、彭星、陈柱华：《环境规制、FDI 与中国治污技术创新——基于省际动态面板数据的分析》，载于《财经研究》2011 年第 10 期。

[19] 李斌、彭星、欧阳铭珂：《环境规制、绿色全要素生产率与中国工业发展方式转变》，载于《中国工业经济》2013 年第 4 期。

[20] 李婧、谭清美、白俊红：《中国区域创新生产的空间计量分析——基于静态与动态空间面板模型的实证研究》，载于《管理世界》2010 年第 7 期。

[21] 李强、聂锐：《环境规制与区域技术创新——基于中国省际面板数据的实证分析》，载于《中南财经政法大学学报》2009 年第 4 期。

［22］李胜兰、初善冰、申晨：《地方政府竞争、环境规制与区域生态效率》，载于《世界经济》2014 年第 4 期。

［23］李时兴：《偏好、技术与环境库兹涅茨曲线》，载于《中南财经政法大学学报》2012 年第 1 期。

［24］李树、陈刚：《环境管制与生产率增长——以 APPCL2000 的修订为例》，载于《经济研究》2013 年第 1 期。

［25］李永友、沈坤荣：《我国污染控制政策的减排效果——基于省际工业污染数据的实证研究》，载于《管理世界》2008 年第 7 期。

［26］林伯强、邹楚沅：《发展阶段变迁与中国环境政策选择》，载于《中国社会科学》2014 年第 5 期。

［27］刘华军、孙亚男、陈明华：《雾霾污染的城市间动态关联及其成因研究》，载于《中国人口·资源与环境》2017 年第 3 期。

［28］刘洁、李文：《中国环境污染与地方政府税收竞争——基于空间面板数据模型的分析》，载于《中国人山·资源与环境》2013 年第 4 期。

［29］刘燕、潘杨、陈刚：《经济开放条件下的经济增长与环境质量——基于中国省级面板数据的经验分析》，载于《上海财经大学学报》2006 年第 6 期。

［30］陆铭、冯皓：《集聚与减排：城市规模差距影响工业污染强度的经验研究》，载于《世界经济》2014 年第 7 期。

［31］毛其淋、许家云：《政府补贴对企业新产品创新的影响——基于补贴强度"适度空间"的视角》，载于《中国工业经济》2016 年第 6 期。

［32］彭水军、包群：《环境污染、内生增长与经济可持续发展》，载于《数量经济技术经济研究》2006 年第 9 期。

［33］邵帅、李欣、曹建华、杨莉莉：《中国雾霾污染治理的经济政策选择——基于空间溢出效应的视角》，载于《经济研究》

2016 年第 9 期。

[34] 沈坤荣、金刚、方娴：《环境规制引起了污染就近转移吗》，载于《经济研究》2017 年第 5 期。

[35] 沈能：《环境效率、行业异质性与最优规制强度——中国工业行业面板数据的非线性检验》，载于《中国工业经济》2012 年第 3 期。

[36] 沈能、刘凤朝：《高强度的环境规制真能促进技术创新吗？——基于"波特假说"的再检验》，载于《中国软科学》2012 年第 4 期。

[37] 宋马林、王舒鸿：《环境规制、技术进步与经济增长》，载于《经济研究》2013 年第 3 期。

[38] 王兵、吴延瑞、颜鹏飞：《中国区域环境效率与环境全要素生产率增长》，载于《经济研究》2010 年第 5 期。

[39] 王锋、冯根福、吴丽华：《中国经济增长中碳强度下降的省区贡献分解》，载于《经济研究》2013 年第 8 期。

[40] 王俊、刘丹：《政策激励、知识累积与清洁技术偏向——基于中国汽车行业省际面板数据的分析》，载于《当代财经》2015 年第 7 期。

[41] 王林辉、袁礼：《要素结构变迁对要素生产率的影响：技术进步偏态的视角》，载于《财经研究》2012 年第 11 期。

[42] 王敏、黄滢：《中国的环境污染与经济增长》，载于《经济学季刊》2015 年第 2 期。

[43] 徐晔：《中国制造业环境技术效率的测度及其影响因素研究》，载于《数量经济学研究》2012 年第 11 期。

[44] 许慧：《低碳经济发展与政府环境规制研究》，载于《财经问题研究》2014 年第 1 期。

[45] 杨飞：《环境税、环境补贴与清洁技术创新：理论与经验》，载于《财经论丛》2017 年第 8 期。

[46] 杨海生、陈少凌、周永章：《地方政府竞争与环境政

策——来自中国省份数据的证据》，载于《南方经济》2008 年第6 期。

[47] 杨林、高宏霞：《经济增长是否能自动解决环境问题——倒"U"型环境库兹涅茨曲线是内生机制结果还是外部控制结果》，载于《中国人口·资源与环境》2012 年第 8 期。

[48] 姚昕、蒋竺均、刘江华：《改革化石能源补贴可以支持清洁能源发展》，载于《金融研究》2011 年第 3 期。

[49] 易信、刘凤良：《金融发展、技术创新与产业结构转型——多部门内生增长理论分析框架》，载于《管理世界》2015 年第 10 期。

[50] 余泳泽、杜晓芬：《经济发展、政府激励约束与节能减排效率的门槛效应研究》，载于《中国人口·资源与环境》2013 年第 7 期。

[51] 俞毅：《GDP 增长与能源消耗的非线性门限》，载于《中国工业经济》2010 年第 12 期。

[52] 张成、陆旸、郭路、于同申·《环境规制强度和生产技术进步》，载于《经济研究》2011 年第 2 期。

[53] 张海洋：《R&D 两面性、外资活动与中国工业生产率增长》，载于《经济研究》2005 年第 5 期。

[54] 张杰、陈志远、杨连星、新夫：《中国创新补贴政策的绩效评估：理论与证据》，载于《行政管理改革》2016 年第 3 期。

[55] 张俊：《导向性技术变迁与环境技术偏向——来自中国汽车行业的经验证据》，载于《工业技术经济》2014 年第 3 期。

[56] 张宗和、彭昌奇：《区域技术创新能力影响因素的实证分析——基于全国 30 个省市区的面板数据》，载于《中国工业经济》2009 年第 11 期。

[57] 赵磊、方成、丁烨：《浙江省县域经济发展差异与空间极化研究》，载于《经济地理》2014 年第 7 期。

[58] 郑丽琳、朱启贵：《技术冲击、二氧化碳排放与中国经

济波动——基于 DSGE 模型的数值模拟》，载于《财经研究》2012 年第 7 期。

[59] 周睿：《能源消耗、经济增长与 CO_2 排放量》，载于《世界经济研究》2015 年第 11 期。

[60] 周肖肖、丰超、胡莹、魏晓平：《环境规制与化石能源消耗——技术进步和结构变迁视角》，载于《中国人口·资源与环境》2015 年第 12 期。

[61] 朱平芳、张征宇、姜国麟：《FDI 与环境规制：基于地方分权视角的实证研究》，载于《经济研究》2011 年第 6 期。

[62] 朱永彬、刘晓、王铮：《碳税政策的减排效果及其对我国经济的影响分析》，载于《战略与决策》2010 年第 4 期。

[63] Acemoglu, D. Directed Technical Change. *The Review of Economic Studies*, 2002, 69: 781 – 809.

[64] Acemoglu, D. Equilibrium Bias of Technology. *Econometrica*, 2007, 75: 1371 – 1400.

[65] Acemoglu, D. , P. Aghion, L. Bursztyn, and D. Hemous. The Environment and Directed Technical Change. *American Economic Review*, 2012, 102 (1): 131 – 166.

[66] Acemoglu, D. , U. Akcigit, D. Hanley, and W. Kerr. Transition to Clean Technology. *Journal of Political Economy*, 2016, 124 (1): 52 – 104.

[67] Aghion, P. , A. Dechezlepretre, D. Hemous, and R. Martin, et al. Carbon Taxes, Path Dependency, and Directed Technical Change: Evidence from the Auto Industry. *Journal of Political Economy*, 2016, 124 (1): 1 – 51.

[68] Aghion, P. , and P. Howitt. A Model of Growth Through Creative Destruction. *Econometrica*, 1992, 60: 323 – 351.

[69] Aghion, P. , and P. Howitt. The Economics of Growth. Cambridge: MIT Press, 2009.

[70] Ahmad, S. On the Theory of Induced Innovation. *Economic Journal*, 1966, 76 (302): 344 – 357.

[71] Aiken, D. V. , R. Färe, and S. Grosskopf, et al. Pollution Abatement and Productivity Growth: Evidence from Germany, Japan, the Netherlands, and the United States. *Environmental and Resource Economics*, 2009, 44: 11 – 28.

[72] Ambec, S. , and P. Barla. A Theoretical Foundation of the Porter Hypothesis. *Economics Letters*, 2002, 75 (3): 355 – 360.

[73] Ambec, S. , and P. Barla. Can Environmental Regulations Be Good for Business? An Assessment of the Porter Hypothesis. *Energy Studies Review*, 2006, 14 (2): 42 – 62.

[74] Ambec, S. , and P. Barla. Quand la re'glementation Environnementale Profite Aux Pollueurs. Survol des fondements the' oriques de l'hypothe'se de Porter", *L'Actualite' e'conomique*, 2007, 83 (3): 399 414.

[75] Ambec, S. , M. A. Cohen, S. Elgie, and P. Lanoie. The Porter Hypothesis at 20: Can Environmental Regulation Enhance Innovation and Competitiveness. *Review of Environmental Economics and Policy*, 2013, 7 (1): 2 – 22.

[76] Audretsch, D. B. , and M. P. Feldman. R&D Spillovers and the Geography of Innovation and Production. *The American Economic Review*, 1996, 86 (3): 630 – 640.

[77] Barro, R. , and M. X. Salai. Technological Diffusion, Convergence, and Growth. *Journal of Economic Growth*, 1997, 2: 1 – 27.

[78] Beaumont, N. J. , and R. Tinch. Abatement Cost Curves: A Viable Management Tool for Enabling the Achievement of Win-win Waste Reduction Strategies? *Journal of Environmental Management*, 2004, 71 (3): 207 – 215.

[79] Becker, R. A. Local Environmental Regulation and Plant-

Level Productivity. *Ecological Economics*, 2011, 70 (12): 2516 – 2522.

[80] Berman, E. , and L. Bui. Environmental Regulation and Productivity: Evidence from Oil Refineries. *Review of Economics and Statistics*, 2001, 83: 498 – 510.

[81] Binswanger, H. P. A Microeconomic Approach to Induced Innovation. *The Economic Journal*, 1974, 84 (336): 940 – 958.

[82] Brock, W. and M. Taylor. Economic Growth and the Environment: A Review of Theory and Empirics. *Handbook of Economic Growth*, 2005, 1: 1749 – 1821.

[83] Brock, W. , and M. Taylor. The Green Solow Model. *Journal of Economic Growth*, 2010, (15) 2: 127 – 153.

[84] Brunnermeier, S. B. , and M. A. Cohen. Determinants of Environmental Innovation in US Manufacturing Industries. *Journal of Environmental Economics and Management*, 2003, 45 (2): 278 – 293.

[85] Calel, R. , and A. Dechezlepretre. Environmental Policy and Directed Technological Change: Evidence from the European Carbon Market. *The Review of Economics and Statistics*, 2016, 98: 173 – 191.

[86] Cesaroni, F. , and R. Arduini. Environmental Technology in the European Chemical Industry. *LEM Working Paper*, 2001.

[87] Chichilniskya, G. , G. Heal, and A. Beltrattic. The Green Golden Rule. *Economics Letters*, 1995, 49: 175 – 179.

[88] Conrad, K. , and D. Wastl. The Impact of Environmental Regulation on Productivity in German Industries. *Empirical Economics*, 1995, 20 (4): 615 – 633.

[89] Constantatos, C. , and M. Herrmann. Market Inertia and the Introduction of Green Products: Can Strategic Effects Justify the Porter Hypothesis? *Environmental and Resource Economics*, 2011, 50: 267 – 284.

[90] Copeland, B. R. , and M. S. Taylor. Trade, Growth and the

Environment. *Journal of Economic Literature*, 2004, 42 (1): 7 –71.

[91] Dasgupta, S. , B. Laplante, H. Wang, and D. Wheeler. Confronting the Environmental Kuzents Curve. *Journal of Economic Perspectives*, 2002, 16: 147 – 168.

[92] Dechezleprêtre, A. , M. Glachant, I. Hascic, N. Johnstone, and Y. Ménière. Invention and Transfer of Climate Change-Mitigation Technologies: A Global Analysis. *Review of Environmental Economics and Policy*, 2011, 5 (1): 109 – 130.

[93] Dernis, H. , and M. Khan. Triadic Patent Families Methodology. OECD Publishing, 2004.

[94] Dimitra, K. , and Z. Efthimios. The Environmental Kuznets Curve (EKC) Theory-Part A: Concept, Causes and the CO_2 Emissions Case. *Energy Policy*, 2013, 62: 1392 – 1402.

[95] Dong, Z. Q. , Y. T. Guo, L. H. Wang, and J. Dai. The Direction of Technical Change: A Study Based on Inter-provincial Panel Data of China. *Asian Journal of Technology Innovation*, 2013, 21 (2): 317 – 333.

[96] Fare, R. , S. Grosskopf, and C. A. Pasurka. Environmental Production Functions and Environmental Directional Distance Functions. *Energy*, 2007, 32: 1055 – 1066.

[97] Farzanegan, B. A. Hold Your Breath: A New Index of Air Pollution. *Energy Economics*, 2013, 37: 104 – 113.

[98] Feldman, P. , and R. Kelley. The Ex Ante Assessment of Knowledge Spillovers: Government R&D Policy, Economic Incentives & Private Firm Behavior. *Research Policy*, 2006, 35 (10): 1509 – 1521.

[99] Focacci, A. Empirical Analysis of the Environmental and Energy Policies in Developing Countries Using Widely Employed Macroeconomic Indicators: the Cases of Brazil, China and India. *Energy Policy*, 2005, 33: 543 – 554.

[100] Frondel, M. , J. Horbach, and K. Rennings. End-of-pipe or Cleaner Production? An Empirical Comparison of Environmental Innovation Decisions across OECD Countries. *Business Strategy and the Environment*, 2007, 16 (8): 571 –584.

[101] Galeotti, M. , M. Manera, and A. Lanza. On the Robustness of Robustness Checks of the Environmental Kuznets Curve Hypothesis. *Environmental and Resource Economics*, 2009, 42: 551 –574.

[102] Gerlagh, R. , S. Kverndokk, and K. E. Rosendahl. Optimal Timing of Climate Change Policy: Interaction between Carbon Taxes and Innovation Externalities. *Environmental and Resource Economics*, 2009, 43 (3): 369 –390.

[103] Gollop, F. M. , and M. J. Roberts. Environmental Regulations and Productivity Growth: the Case of Fossil-Fueled Electric Power Generation. *Journal of Political Economy*, 1983, 91: 654 –674.

[104] Gorg, H. , E. Strobl. The Effect of R&D Subsidies on Private R&D, Economics. *Economica*, 2007, 294 (74): 215 –234.

[105] Goulder, L. H. , and S. H. Schneider. Induced Technological Change and the Attractiveness of CO_2 Abatement Policies. *Resource and Energy Economics*, 1999, 21 (3): 211 –253.

[106] Gray, W. B. , and R. J. Shadbegian. Plant Vintage, Technology and Environment Regulation. *Journal of Environmental Economics and Management*, 2003, 46 (3): 384 –402.

[107] Greaker, M. Strategic Environmental Policy: Eco-Dumping or a Green Strategy? *Journal of Environmental Economics and Management*, 2003, 45 (3): 692 –707.

[108] Greaker, M. , and T. R. Heggedal. A Comment on the Environment and Directed Technical Change. *University of Oslo Working Paper*, 2012: 2 –14.

[109] Greunz, L. Intra-and Inter-Regional Knowledge Spillovers:

Evidence from European Regions. *European Planning Studies*, 2005, 13 (3): 449 – 473.

[110] Griliches, Z. Patent Statistics as Economic Indicators: A Survey. *Journal of Economic Literature*, 1979 (28): 1661 – 1707.

[111] Grossman, G. M. , and A. B. Krueger. Economic Growth and the Environment. *Quarterly Journal of Economics*, 1995, 110 (2): 353 – 377.

[112] Habakkuk, H. J. American and British Technology in the Nineteenth Century: Search for Labor Saving Inventions. Cambridge University Press, 1962.

[113] Hall, B. , and A. Maffioli. Evaluating the Impact of Technology Development Funds in Emerging Economies: Evidence from Latin America. *European Journal of Development Research*, 2012, 20 (2): 172 – 198.

[114] Hamamoto, M. Environmental Regulation and the Productivity of Japanese Manufacturing Industries. *Resource and Energy Economics*, 2006, 28 (4): 299 – 312.

[115] Hansen, B. E. Threshold Effects in Non-Dynamic Panels: Estimation, Testing, and Inference. *Journal of Econometrics*, 1999, 93 (2): 345 – 368.

[116] Hartman, R. , and O. Kwon. Sustainable Growth and the Environmental Kuznets Curve. *Journal of Economic Dynamics and Control*, 2005, 29 (10): 1701 – 1736.

[117] Hascic, I. , F. De Vries, and N. Johnstone, et al. Effects of Environmental Policy on the Type of Innovation: The Case of Automotive Emission-Control Technologies. *OECD Journal: Economic Studies*, 2009 (1): 1 – 18.

[118] Hemous D. Environmental Policy and Directed Technical Change in Global Economy: The Dynamic Impact of Unilateral Environ-

mental Policies. *MIT Working Paper*, 2012: 1 - 90.

[119] Heyes, A. Is Environmental Regulation Bad for Competition? *Journal of Regulatory Economics*, 2009, 36 (1): 1 - 28.

[120] Hicks, J. R. The Theory of Wages. Springer, 1963.

[121] Holtz-Eakin, D. , and T. M. Selden. Stoking the Fires? CO_2 Emissions and Economic Growth. *Journal of Public Economics*, 1995, 57: 85 - 101.

[122] Hourcade, J. C. , A. Pottier, and E. Espagne. The Environment and Directed Technical Change: Comment. *CIRED Working Paper*, 2011: 1 - 16.

[123] Hussinger, K. Crowding Out or Stimulus: The Effect of Public R&D Subsidies on Firm's R&D. *Working Paper*, 2003.

[124] Jaffe, A. B. Real Effects of Academic Research. *The American Economic Review*, 1989: 957 - 970.

[125] Jaffe, A. B. , and K. Palmer. Environmental Regulation and Innovation: A Panel Data Study. *Review of Economics and Statistics*, 1997, 79 (4): 610 - 619.

[126] Johnstone, N. , I. Haščič, and D. Popp. Renewable Energy Policies and Technological Innovation: Evidence Based on Patent Counts. *Environmental and Resource Economics*, 2010, 45 (1): 133 - 155.

[127] Kamien, M. I. , and N. L. Schwartz. Optima Induced Technical Change. *Econometrica: Journal of the Econometric Society*, 1968: 1 - 17.

[128] Kathuria, V. Controlling Water Pollution in Developing and Transition Countries: Lessons from Three SuccessfulCases. *Journal of Environment Management*, 2006, 78: 405 - 426.

[129] Keller, W. , and A. Levinson. Pollution Abatement Costs and Foreign Direct Investment Inflows to U. S. States. *Review of Econom-*

ics and Statistics, 2002, 84 (4): 691 –703.

[130] Kennedy, P. Innovation Stochastique et coût de la réglementation environnementale. *L'Actualité économique*, 1994, 70 (2): 199 –209.

[131] Konisky, D. Regulatory Competition and Environmental Enforcement: Is There a Race to the Bottom? *American Journal of Political Science*, 2007, 51 (4): 853 –872.

[132] Lanjouw, J. O. , and A. Mody. Innovation and the International Diffusion of Environmentally Responsive Technology. *Research Policy*, 1996, 25 (4): 549 –571.

[133] Levinsohn, J. , and A. Petrin. Estimating Production Functions Using Inputs to Control Unobservables. *Review of Economic Studies*, 2003, 70: 317 –342.

[134] List, J. A. , W. W. McHone , and D. L. Millimet. Effects of Air Quality Regulation on the Destination Choice of Relocating Plants. *Oxford Economic Papers*, 2003, 55 (4): 657 –678.

[135] Mohr, R. D. Technical Change, External Economies, and the Porter Hypothesis. *Journal of Environmental Economics and Management*, 2002, 43 (1): 158 –168.

[136] Nakano, M. Can Environmental Regulation Improve Technology and Efficiency? An Empirical Analysis Using the Malmquist Productivity Index. *Eaere*, 2003, 6: 28 –30.

[137] Newell, R. G. , A. B. Jaffe, and R. N. Stavins. The Induced Innovation Hypothesis and Energy-Saving Technological Change. *Quarterly Journal of Economics*, 1999, 114: 941 –975.

[138] Popp, D. Induced Innovation and Energy Prices. *American Economic Review*, 2002, 92: 160 –180.

[139] Popp, D. ENTICE: Endogenous Technological Change in the DICE Model of Global Warming. *Journal of Environmental Economics*

and Management, 2004, 48: 742 – 768.

[140] Popp, D. Exploring Links between Innovation and Diffusion: Adoption of NOx Control Technologies at U. S. Coal-Fired Power Plants. *Environmental and Resource Economics*, 2006, 45 (3): 319 – 352.

[141] Popp, D. International Innovation and Diffusion of Air Pollution Control Technologies: the Effects of NOx and SO_2 Regulation in the US, Japan, and Germany. *Journal of Environmental Economics and Management*, 2006, 51 (1): 46 – 71.

[142] Popp, D. , R. G. Newell, and A. B. Jaffe. Energy, the Environment and Technological Change. *Handbook of the Economics of Innovation*, 2010, 2: 873 – 937.

[143] Porter, M. America's Green Strategy. *Scientific American*, 1991, 264: 168.

[144] Porter, M. E. , and C. van der Linde. Toward a New Conception of the Environment Competitiveness Relationship. *Journal of Economics Perspectives*, 1995, 9: 97 – 118.

[145] Romer, P. Endogenous Technological Change. *Journal of Political Economy*, 1990, 98: 71 – 102.

[146] Sabuj, K. M. Do Undesirable Output and Environmental Regulation Matter in Energy Efficiency Analysis? Evidence from Indian Cement Industry. *Energy Policy*, 2010, 38: 6076 – 6083.

[147] Selden, T. , and D. Song. Environmental Quality and Development: Is there a Kuznets Curve for Air Pollution Emissioning? *Journal of Environmental Economics and Management*, 1994, 27: 147 – 162.

[148] Selden, T. , and D. Song. Neoclassical Growth, the J Curve for Abatement, and the Inverted-U Curve for Pollution. *Journal of Environmental Economics and Management*, 1995, 29: 162 – 168 .

[149] Smith, V. , M. Dilling-Hansen, and T. Eriksson, et al.

R&D and Productivity in Danish Firms: Some Empirical Evidence, *Applied Economics*, 2000, 26 (16): 1797 – 1806.

[150] Van der Zwaan, B. C. C. , R. Gerlagh, and L. Schrattenholzer. Endogenous Technological Change in Climate Change Modeling. *Energy Economics*, 2002, 24: 1 – 19.

[151] Van Pottelsberghe, B. , H. Denis, and D. Guellec. Using Patent Counts for Cross-Country Comparisons of Technology Output. ULB—Universite Libre de Bruxelles, 2001.

[152] Wagner, M. The Carbon Kuznets Curve: A Cloudy Picture Emitted by Bad Econometrics. *Resource and Energy Economics*, 2006, 30: 388 – 408.

[153] Wang, Y. Q. , and K. Y. Tsui. Polarization Ordering and New Classes of Polarization Indices. *Journal of Public Economic Theory*, 2000, 2 (3): 349 – 363.

[154] Washington, D. C. Management Institute for Environment and Business, Competitive Implications of Environmental Regulation: A Study of Six Industries. Report to U. S. , Environmental Protection Agency, 1994.

[155] Woods, N. Interstate Competition and Environmental Regulation: A Test of the Race-to-the-Bottom Thesis. *Social Science Quarterly*, 2006, 87: 174 – 189.

[156] Wu, H. , H. Guo, B. Zhang, and M. Bu. Westward Movement of New Polluting Firms in China: Pollution Reduction Mandates and Location Choice. *Journal of Comparative Economics*, 2017, 45 (1): 119 – 138.